食堂料理特輯

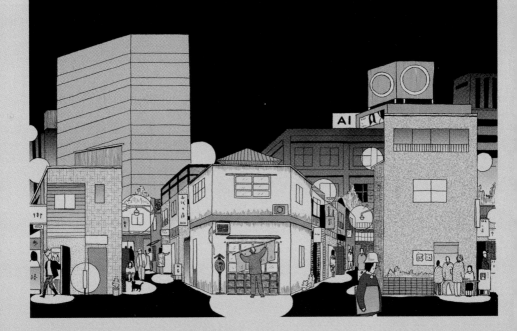

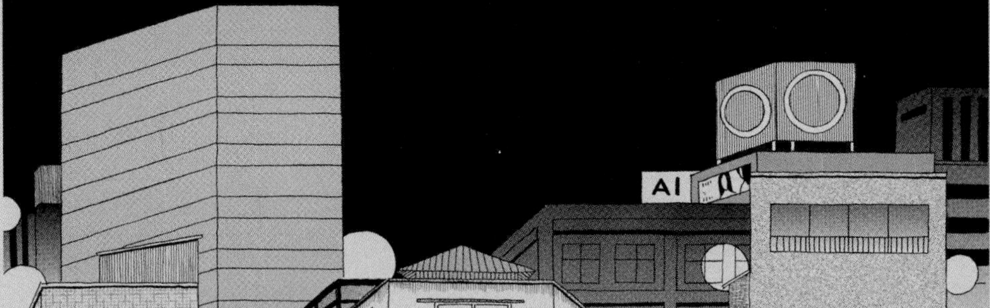

菜單

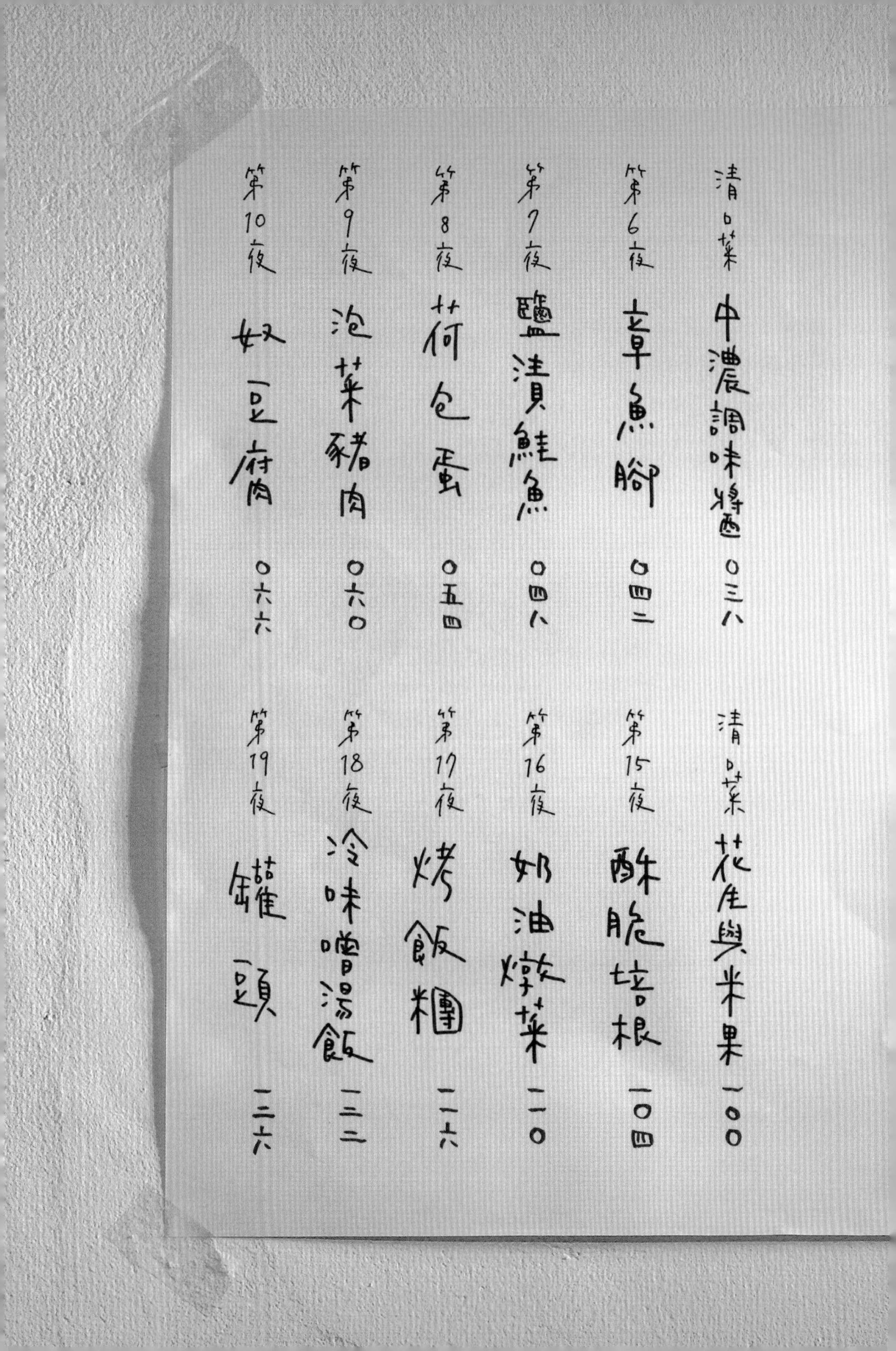
清口菜 中濃調味醬 〇三八
第6夜 章魚腳 〇四二
第7夜 鹽漬鮭魚 〇四八
第8夜 荷包蛋 〇五四
第9夜 泡菜豬肉 〇六〇
第10夜 奴豆腐 〇六六
清口菜 花生與米果 一〇〇
第15夜 酥脆培根 一〇四
第16夜 奶油燉菜 一一〇
第17夜 烤飯糰 一一六
第18夜 冷味噌湯飯 一二二
第19夜 罐頭 一二六

人家可不是每天晚上都在深夜食堂暴飲暴食的。
偶爾也會早睡，……但是……
啊，睡不著。
對了，來看那本書吧！
今天朋友送了這本書給我……
深夜食堂×dancyu
炸火腿的做法，……嗯哼嗯哼。

咖哩烏龍麵啊！
炸雞也不錯呢。
還是泡菜豬肉……
……
咕嘟～～
喀啦
歡迎光臨。
?!

……
……
怎麼這麼多人啊？
好像都是三更半夜看了什麼不能讀的料理書而來的。
《深夜食堂料理特輯》。
隨便啦。總之快點給我炸火腿和咖哩烏龍麵。
然後還要泡菜豬肉跟炸雞。
真的是禁止閱讀的料理書呢。
罪惡的書啊！

新月夜

第1夜◎紅香腸

男人啊，
是一種內心總是盼著，
便當盒裡裝著紅香腸的生物。
而且，
還要是章魚的形狀。

把紅色小香腸切開，放進平底鍋裡加沙拉油炒。不用刻意撐開章魚腳，炒著炒著自然就會張開，真是好玩。全部張開後即可盛盤。配菜則非高麗菜絲莫屬，沾上一點香腸油脂的高麗菜絲很可口。小香腸原本就有味道，可以直接吃，不過如果跟高麗菜絲一起淋上調味醬，或是在章魚腳擠上美乃滋吃，就成了難以阻擋的禁忌美味。讓人想開瓶啤酒來喝……

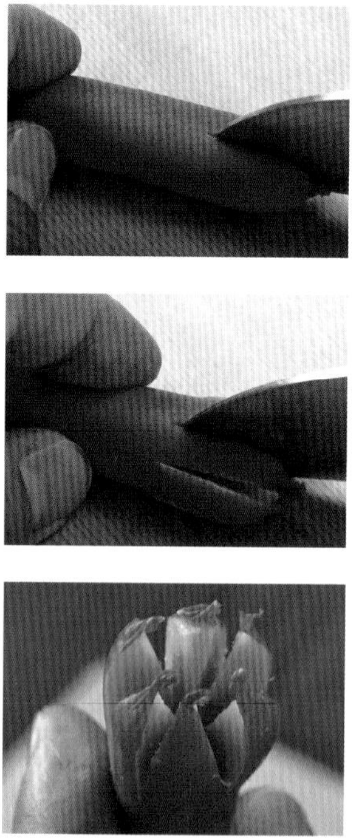

章魚香腸的做法

在小香腸末端約三分之一處下刀，先從中間切成兩半。然後轉動小香腸切劃，盡量均衡地切成六等份。重點是從小香腸末端三分之一處切開，若從二分之一的地方切，就會變成奇形怪狀的外星人。另外，腳若切得太短的話就成了卡通嚕嚕米裡的角色，不像章魚了。

深夜食堂的章魚香腸為什麼是六隻腳？

《深夜食堂》裡的章魚香腸跟剛才介紹的做法一樣，不是八隻腳而是六隻。為了解開這個謎團，我們偷偷地調查了原因。蒐集了相關人士的證言之後，答案是「八隻腳切起來太麻煩了」。

於是我們試著給章魚八隻腳，先將小香腸對切，然後再對切兩次……不知為怎地一定會有一隻腳特別細，一直切成「有尾巴的七腳章魚」這種非常有趣的玩意兒，不過那樣也挺可愛的……

紅香腸為什麼是紅的？

紅香腸是將豬或雞的絞肉，灌入用膠原纖維等原料做的腸衣中，以食用色素染成紅色做成的。在好肉取得不易，製造技術尚未成熟的年代，絞肉立刻就會變色，導致賣相很差。於是五〇年代就出現了染成紅色，外表討喜的紅香腸。現在肉的品質和製造技術都已經不是問題，其實沒有必要染色，但還是因為賣相而染成紅色。要是不是紅色的話，就沒那個氣氛了啊！

wiener跟sausage有什麼不同？

根據JAS日本農林規格的分類，sausage是指將絞肉灌進動物的腸子，或是膠原纖維腸衣中，再經燻製或加熱而成的香腸。wiener（正式名稱是「維也納香腸」）使用的是羊腸，或是粗細不滿兩公分的小香腸。順便一提，波隆納大香腸（Bologna sausage）則是使用牛腸，或者是粗細超過三・六公分的製品。法蘭克福香腸（Frankfurt sausage）指的是使用豬腸，或是粗細介於兩公分與三・六公分的香腸。

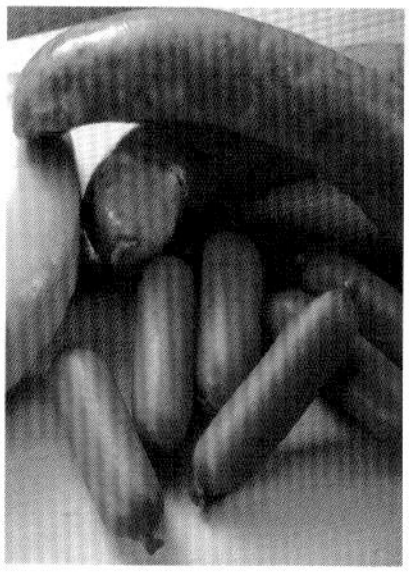

你知道pole wiener嗎？

您知道「細條香腸」（pole wiener）這種產品嗎？直徑大約一・五公分，長度約十九公分，用橘色玻璃紙包成細長棍狀。如果你是關西人，一定看過。這種產品自從一九三四年發售以來，就一直是關西常見的食品，然而在關東卻幾乎看不到。我們詢問了製造商伊藤肉品的顧客服務部門，得到的回答是：「敝社創立於關西，販售點也多在關西。細條香腸主要使用豬肉，但因為外表包著橘色玻璃紙，看起來像魚肉香腸，在關東一直賣不起來……」

「沒這回事！你一點也沒變⋯⋯到現在還在吃紅香腸不是嘛！」

（出自《深夜食堂》第31夜）

雖然比不上
馬鈴薯沙拉，
也好像不怎麼有飽足感，
但還是令人喜愛的
通心麵沙拉。

第2夜◎通心麵沙拉

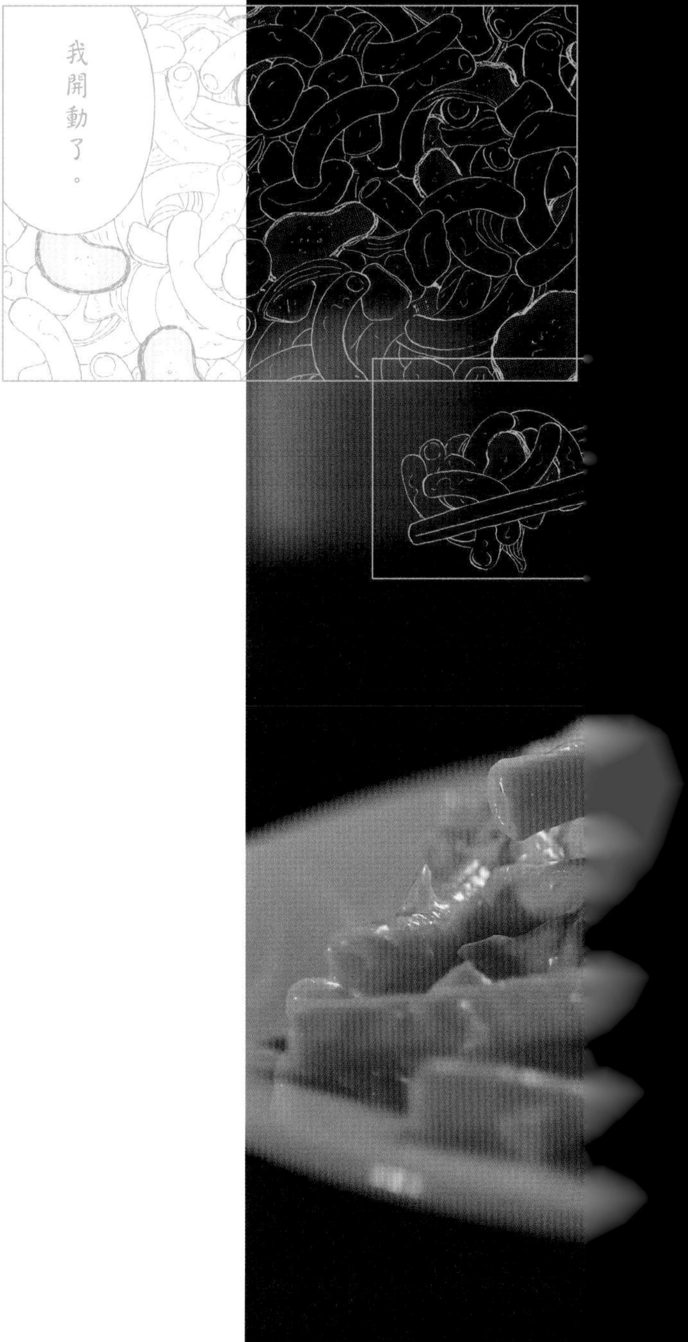

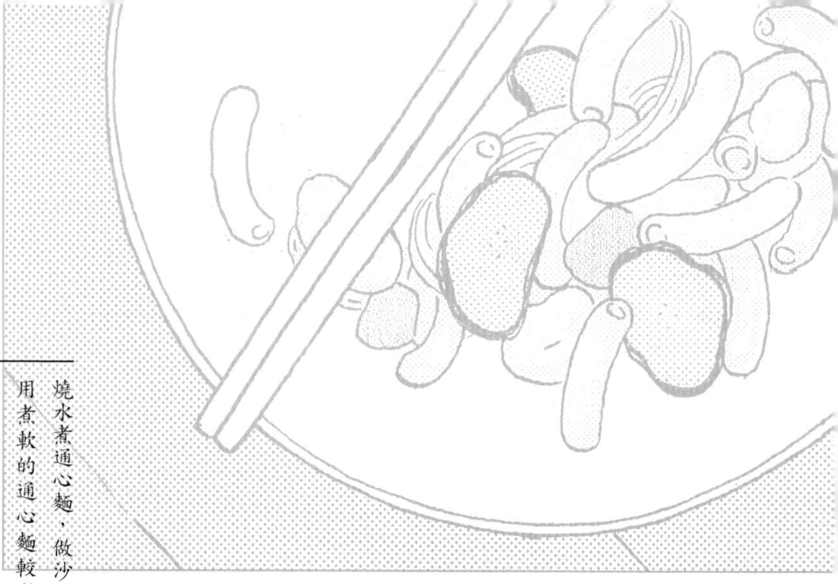

夢幻營養午餐，黃豆粉通心麵

你知道小學的營養午餐有「黃豆粉通心麵」這道不可思議的菜嗎？煮軟的通心麵拌上摻了糖粉的黃豆粉，讓人不知算是配菜還是甜點；但軟軟的口感和微微的甜味會讓人上癮，有種奇特的美味。

這道菜並不是全國小學都有，而是六〇年代部份地區的小學曾經提供過的「夢幻營養午餐」。然而考慮到兒童的營養所需，現在似乎有些小學的營養午餐都有準備這道「黃豆粉通心麵」，於是也就不用夢幻啦。

燒水煮通心麵，做沙拉用煮軟的通心麵較對味。水煮蛋切碎，黃瓜切圓片。把以上材料混在一起，加入大量美乃滋充份攪拌。深夜食堂風格的重點是水煮蛋跟黃瓜。雖然通心麵沙拉好像不怎麼有飽足感，但堆成小山似的來吃，也就讓人覺得份量十足了。

適合通心麵沙拉的不是只有調味醬

A 調味醬

通心麵沙拉一定要淋調味醬，這再適合也不過了。一般都淋中濃調味醬，但辣醬油也不可小覷。略帶些微辣味，可以配日本酒。

B 七味唐辛子

要是做成配酒小菜時，加七味唐辛子其實很對味。通心麵沙拉和天外飛來的刺激非常下酒。冷酒熱酒均宜！

C 蕃茄醬

美乃滋加蕃茄醬……請勿吃驚。這種滋味濃郁的組合叫做「極光醬汁」，是日本經濟高度成長時期食譜裡的熟面孔。充滿感官享受的美味在等著你。

D 黃芥末醬

應該也有很多人喜歡這一味吧！美乃滋跟黃芥末醬本來就很搭，加上畫龍點睛的辣味，讓人吃再多也不會膩。

E 美乃滋和醬油

已經調了美乃滋的食物上再加美乃滋，也就是俗稱的「雙美」，讓味道新鮮濃郁。再進一步摻醬油，風味便更加深奧。通心麵沙拉搖身一變，成為有深度的極致美味。

F 山椒

通心麵沙拉的味道很容易流於單調平淡，撒上山椒立刻增添鮮明的香味與刺激，把這道菜提升到居酒屋的酒餚和日本料理的美食層級。這才是大人的口味。

通心麵為什麼有洞？洞是怎麼製作的？

曾有人笑說把義大利麵的芯挖掉，就成了通心麵，但其實通心麵的洞本來是製作時就有了。至於開洞的理由則是為了增進口感、容易拌上醬汁、方便乾燥等等不一而足。製造的方法是將麵團放入機器，然後從末端呈◎狀的噴嘴壓出來。非常簡單。

順便一提，相較於義大利麵之類的長麵條，通心麵和斜管麵這種稱為短麵條。

以前的通心麵跟義大利麵一樣長

雖說通心麵是短麵條，不過以前通心麵是跟義大利麵一樣長的。明治時代日本初次製作的義大利麵類是通心麵，打著「有洞烏龍麵」的名號販賣。當時的食譜上寫著「通心麵就像烏龍麵那樣煮來吃即可」。在那之後通心麵逐漸普及，短的製品也開始販售，但六〇年代的廣告上仍寫著「截短通心麵」之類的文字，顯然當時的通心麵基本上還是長條形的。

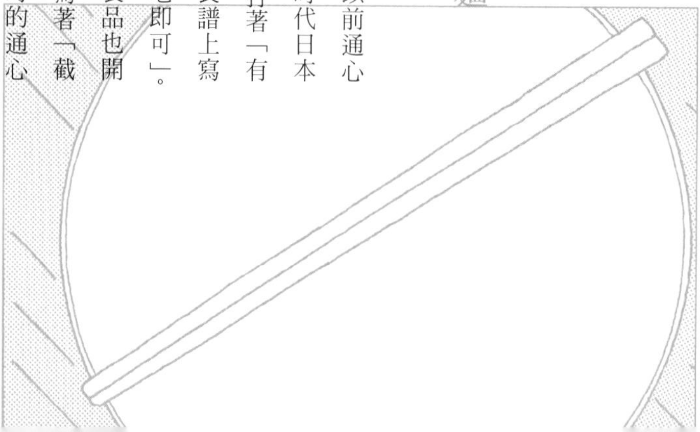

「照由里小姐的說法，
店裡的通心麵沙拉
就是要加美乃滋跟水煮蛋才讚。」
（出自《深夜食堂》第121夜）

由里小姐是
滿紅的造型師，
來店裡總是點這個。
她自稱是
「通心麵痴」呢。

「通心麵痴」啊……

第3夜◎炸火腿

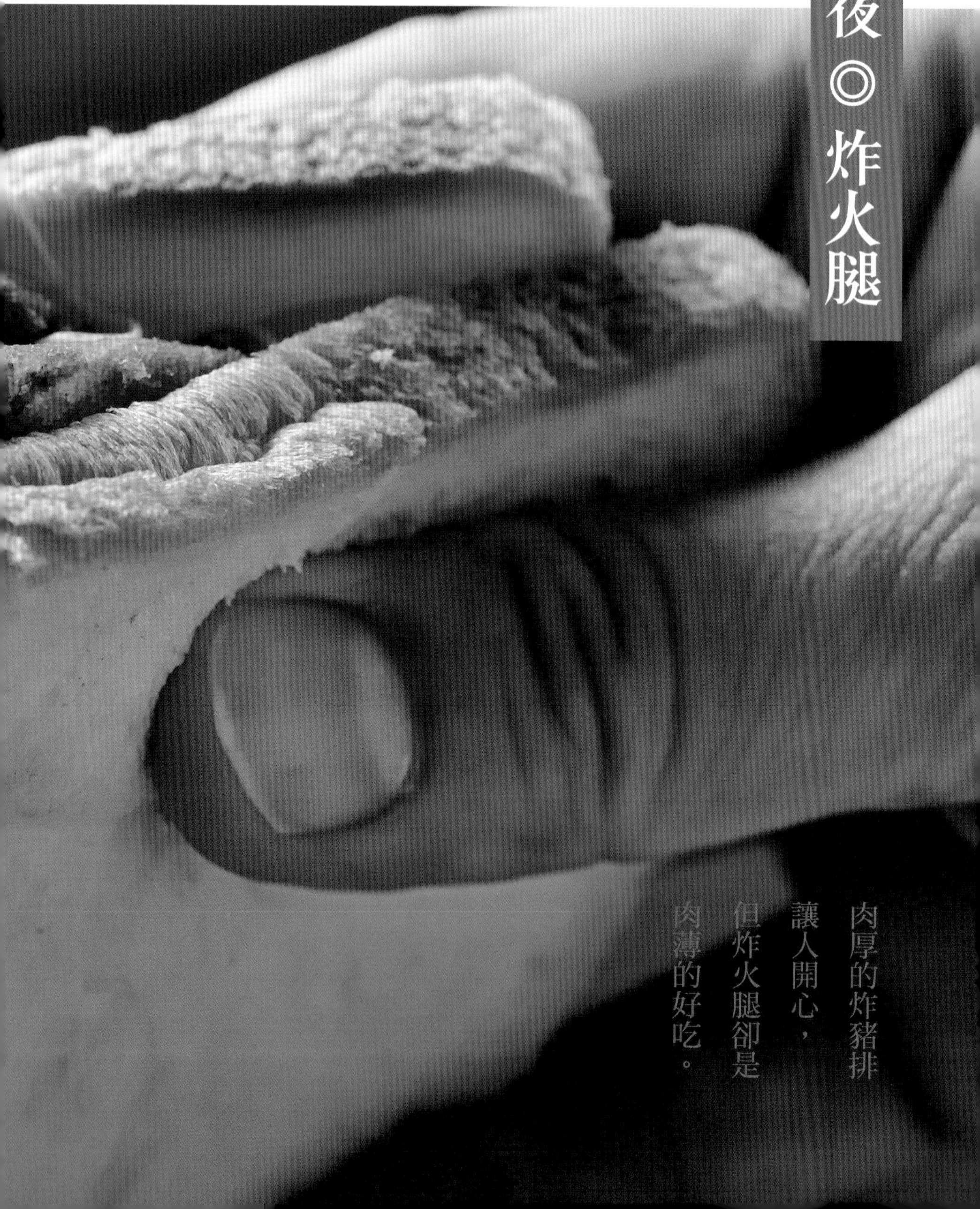

肉厚的炸豬排
讓人開心，
但炸火腿卻是
肉薄的好吃。

炸火腿，久等了。

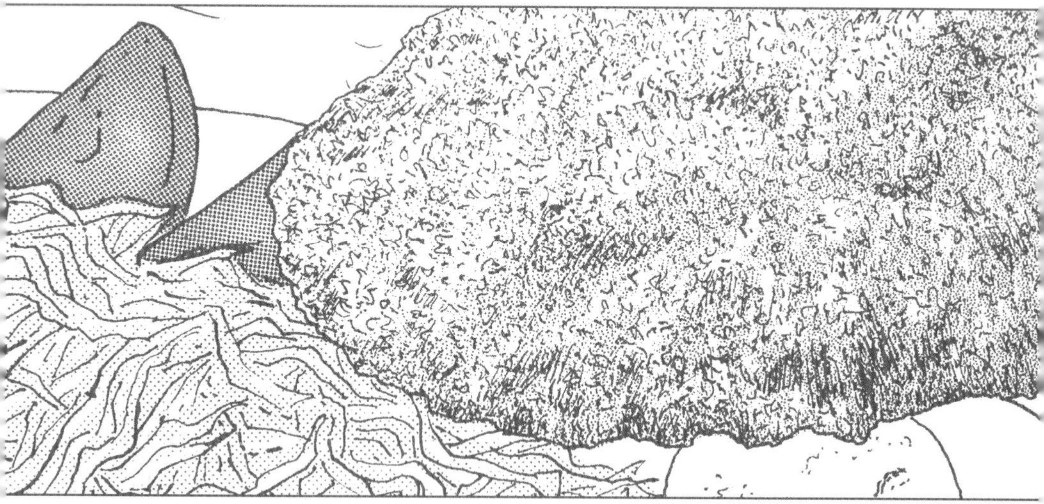

火腿最好選用外層是紅色的那種，厚度很重要，絕對不能切得太厚，如此一來就不能享受炸火腿吃起來的薄脆口感了。不過，太薄了也不好炸，二、三毫米左右的厚度最佳。切好的火腿片沾上麵粉、蛋汁和麵包粉下鍋油炸。火腿可以直接吃，因此只要炸到麵衣變色的程度即可，但炸到稍微焦的褐色更香酥好吃。沒錯，炸火腿是吃麵衣的料理；火腿要薄，麵衣要厚，這才是重點。

把炸火腿浸在醬汁裡，成了另一種獨特的美味！

麵衣厚的炸火腿直接吃就很好吃，但要是沾上大量的辣醬油，就會襯托出與原本風味不同、另一層次的美味。特別是把剛起鍋的炸火腿浸到醬汁裡，然後喀喳一聲咬下去，醬汁從麵衣滲進口中，簡直好吃到不行。這種罪惡感，這種難以抗拒的「糟糕了」的感覺，正是炸火腿的美味精髓。

把吸飽醬汁的炸火腿蓋在白飯上，就成了醬汁炸火腿丼；或夾在土司麵包裡當作炸火腿三明治。啊，真是禁忌的美食。

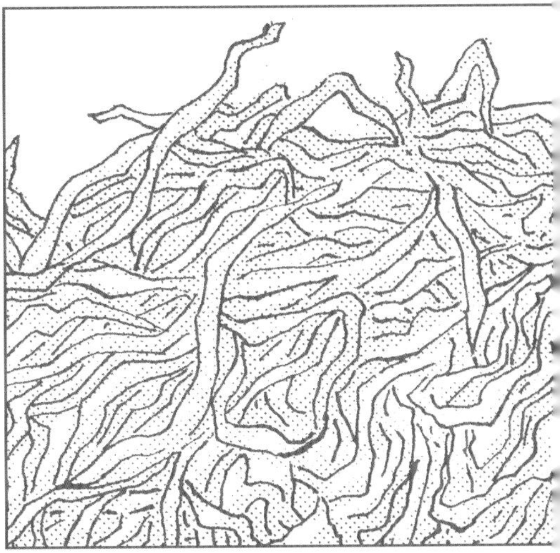

咖哩炸火腿丼可能比咖哩炸豬排丼更好吃呢

炸豬排咖哩飯是咖哩界的霸王，但你是不是曾因為豬排厚實得太好吃，反而把咖哩比下去了，結果整體味道不太均衡呢？炸火腿就沒這個困擾。薄薄的火腿裹上厚厚麵衣，味道不會蓋過咖哩，反而驚為天人得合拍對味。如此讓人食指大動，用筷子扒著吃比用湯匙吃更能吃出味道。碗公裡盛飯，放上對半切的炸火腿，淋上大量咖哩，用筷子享用。怎樣，比炸豬排咖哩更讚對吧！

炸火腿用的火腿

炸火腿的火腿不能切厚片，里肌肉火腿那種高級貨也不行，外層是紅色的三明治火腿最適合。三明治火腿是用碎肉壓製而成，以前肉舖賣的火腿就非三明治火腿莫屬。

大家實際試做看看就知道，用里肌肉火腿裹上麵衣去炸，其實並不好吃。火腿本身雖然好吃，卻跟麵衣和炸油的口感不搭。而三明治火腿就完全不會有這種感覺，味道自然地和麵衣及油炸香氣融合在一起，這種渾然天成的口感最棒了。

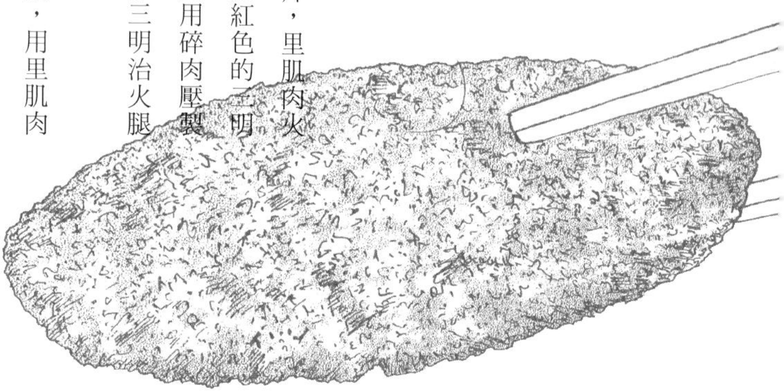

炸火腿跟馬鈴薯沙拉的美味關係

炸火腿雖然好吃，但無法單獨成為主角，需要有點旁襯。比方說只要加上高麗菜絲，就成為一道像樣的菜色。但是這種組合必須要有醬汁「居中牽線」，才會成為最佳搭檔，選用辣醬油比中濃調味醬要好。均勻淋在整盤上最能發揮加乘效果，另外加上黃芥末醬威力更上層樓。配馬鈴薯沙拉，炸火腿就成了主菜，天下無敵了。油炸食物為什麼和馬鈴薯沙拉這麼合呢……

對了，「カツ」跟「フライ」的差別在哪裡？

日語的炸火腿不用「フライ」，而炸竹筴魚也不用「カツ」，究竟是為什麼呢？一般而言油炸海鮮和蔬菜稱之為「フライ」，正是英語中的「fry」；而油炸肉類稱之為「カツ」取自「cut」，正是源自法語的「côtelette」和英語的「cutlet」，日本人借用來專指「炸肉」。「cutlet」是把切片的肉裹上麵衣去炸的料理，所以所以日本人轉化過來的「カツ」便指油炸肉類。再在「カツ」這個字之前加上「豚」（發音與「同」相近），便形成「炸豬排」（トンカツ）這種日本人才能理解的名詞，真是太厲害了……

「那算什麼啊！炸火腿就是薄薄的啊！」

「對吧?! 像紙一樣薄的火腿，上面裹著厚厚的麵衣……」

（出自《深夜食堂》第88夜）

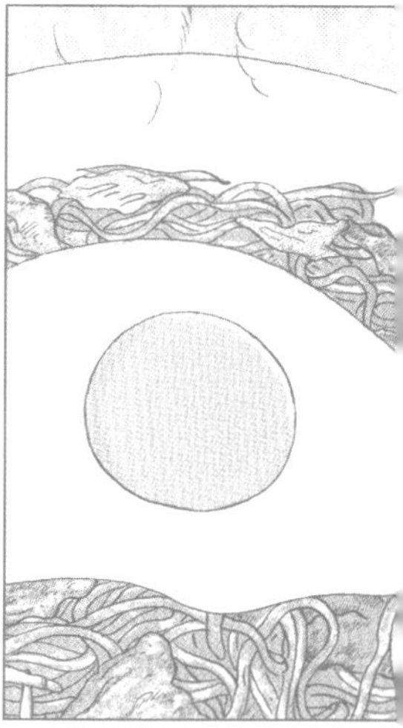

第4夜◎調味醬炒麵

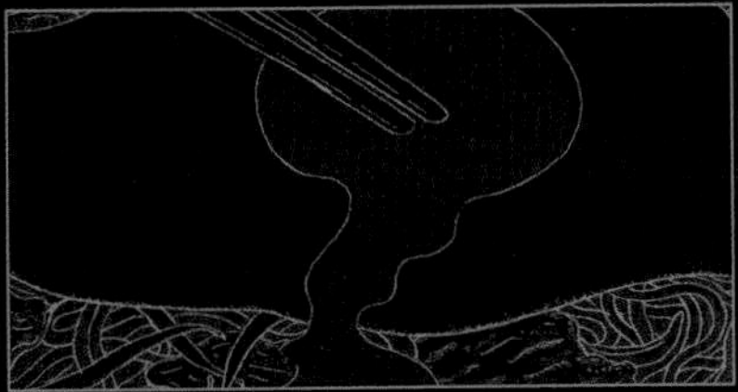

祭典、路邊攤、
暑假……
一吃調味醬炒麵
兒時回憶就湧了上來。

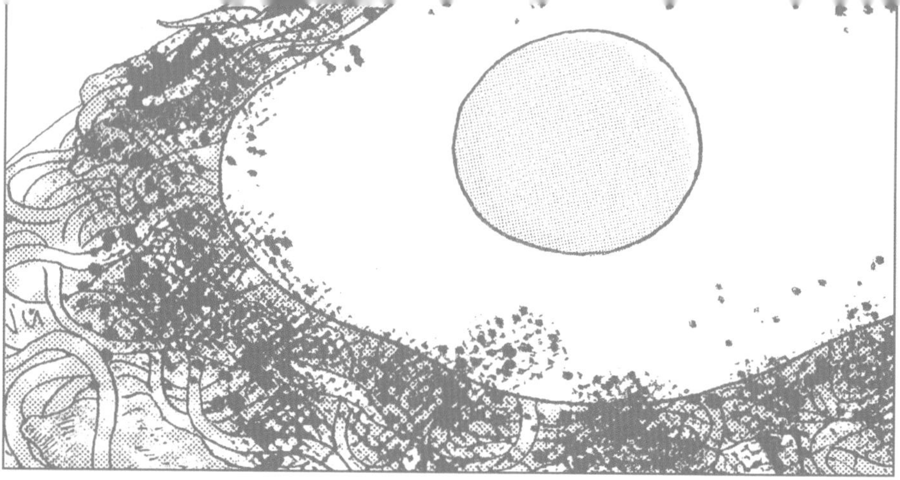

平底鍋熱油，先炒豬肉、高麗菜等材料。豬肉選用五花肉，高麗菜加一點硬的菜心部位比較好吃。接著放入炒麵，袋裝現成炒麵常黏成一團，在袋子上戳洞，然後放進微波爐稍稍微波一下再炒。或著把炒麵放進平底鍋加一點水，蓋上蓋子悶一下，麵條比較容易炒開。炒麵盛盤，上面放一顆半熟的荷包蛋，撒上四萬十川的青海苔，深夜食堂風格的炒麵就完成了。

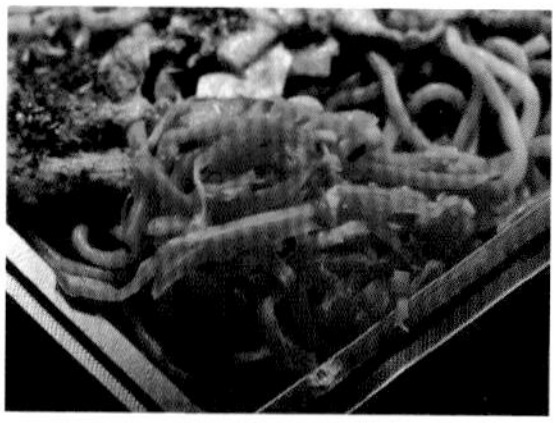

炒麵為何要配紅薑和青海苔？

調味醬炒麵一定要配紅薑和青海苔。當今的炒麵最早是從中國傳來，再經日本風味製作而演化成的，加上大量高麗菜和味道濃厚調味醬的炒麵，差不多在二次世界大戰戰後的黑市流行起來。另一方面，塗上調味醬的大阪燒則是從大戰前就有了，因此炒麵大概是參考了「調味醬麵粉料理前輩」的大阪燒，加上紅薑和青海苔吧！順便一提，日本東北地方著名的「橫手炒麵」加的不是紅薑而是福神漬。

袋裝炒麵為何是三包一組？

日本市售的袋裝炒麵都是三包一組，為什麼呢？我們問了眾所周知的品牌「小圓製麵」的製造商東洋水產客服部門，回答是：「炒麵從大約四十年前上市的時候就是三包一組了。商品定位是家庭食品，定位客層是父母和小孩的三到四人家族。既然是一家子四名成員，自然應當裝成四包，但四這個數字實在不太吉利，況且人多的家庭可以多買一組……」同時期發售的烏龍麵和拉麵也都是三包一組。

袋裝的炒麵調味為何是粉末？

杯裝速食麵的炒麵調味醬是液體，袋裝的炒麵調味為何是粉末呢？我們也問了東洋水產。「研發產品的時候也考慮過使用液體調味醬，但粉末比較容易沾在麵上，味道也比較好，所以就決定用粉末了。」的確，把調味粉末撒在麵上攪拌，味道就全部沾上了。我們試著淋上辣醬油，沒想到反而不容易沾在麵上。對了，調味粉裡好像還添加了干貝精華呢！

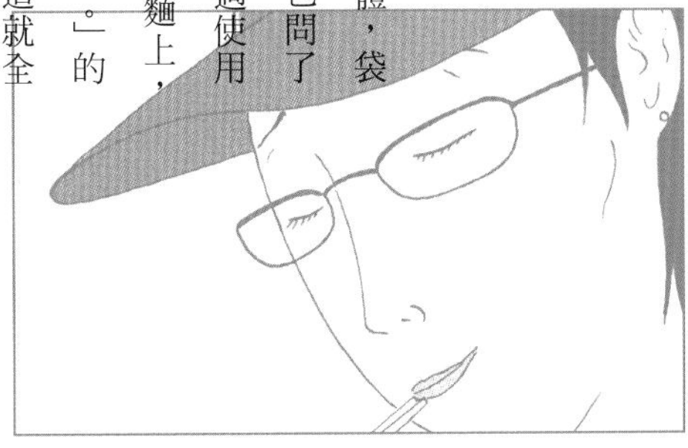

炒麵配料的種類

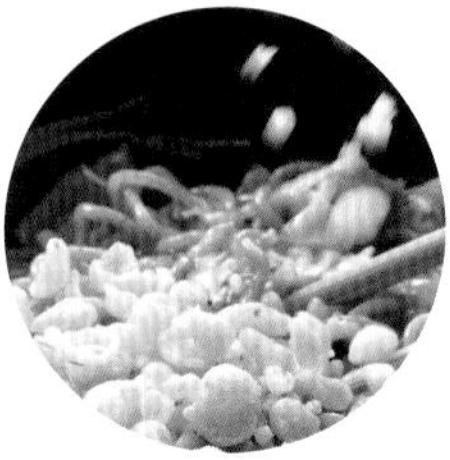

A 天婦羅渣

炒麵快要炒好的時候加上天婦羅渣，增添脆脆的口感，更加美味。要注意不能炒過頭，要不然天婦羅渣會軟掉，就不好吃了。

B 油豆腐皮

「油上加油」的配料之二。炒麵加油豆腐皮，口感濕潤、滋味深奧，吃起來很紮實，這種配料的要訣是必須跟麵一起充份炒勻。

C 泡菜

絕對不會出錯的組合，泡菜的辣味和酸味引出調味醬的味道，酸味比較強的老泡菜最適合。裝盤前淋上麻油就完美了！

炒麵是米飯的配菜

知名馬拉松選手高橋尚子小姐，曾在比賽前一天用烏龍麵配白飯吃；馬鈴薯沙拉麵包也好吃得不得了；關西地區的人總愛用大阪燒配飯……也就是說，碳水化合物適合配碳水化合物，所以炒麵自然是米飯的配菜。而且跟白飯對味得簡直想化為一體吃進肚裡。盤子上半邊盛飯，另外半邊裝炒麵，然後全部淋上調味醬，稀哩呼嚕地把炒麵跟白飯一起吃了，這正是美食漫畫家東海林禎雄式的爽快。

炒麵跟雞蛋的美味關係

炒麵上就是要放一個半熟荷包蛋。光是放上荷包蛋，就能從點心調性的食物升級為主食，實在很不可思議。首先吃一口炒麵，然後把半熟的荷包蛋戳破，讓蛋黃流出來，接著吃沾了蛋黃的炒麵。吃完半熟蛋黃之後，用筷子把蛋白分成小塊，和著炒麵一起吃，最後吃凝固的蛋黃。這種吃法讓炒麵有三倍的樂趣。

「如何？
有人教我的。
說撒上
四萬十川的
青海苔會很好吃。」

（出自《深夜食堂》第25夜）

倫子喜歡的四萬十川青海苔。
倫子最喜歡阿爸的炒麵了！

第5夜◎水煮

滑溜溜的水煮蛋，
光是沾鹽
就讓人口水直流了吧？

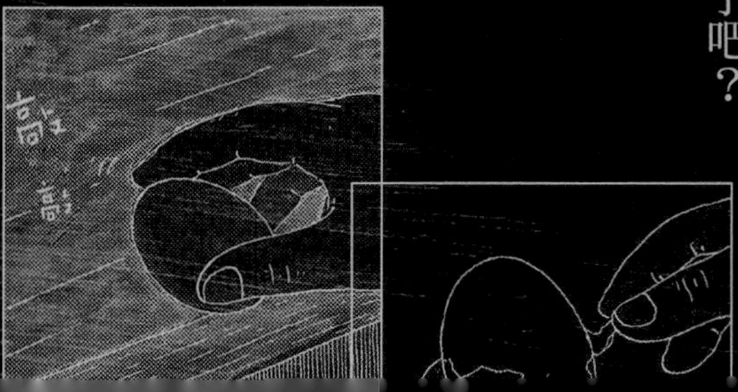

燒一鍋水，水滾了之後把生蛋放進去。放進去時要小心，不要弄破了。水不要太滾，保持微滾的狀態即可。不時用筷子等工具輕輕翻動雞蛋，讓蛋黃維持在蛋的中心位置。若是使用常溫雞蛋，十一到十二分鐘就全熟了。（深夜食堂裡的水煮蛋是全熟的）煮好之後用冷水沖來降溫，雖然家政課會教大家在水裡加醋，這樣就算蛋殼破了蛋白也不會流出來，但只要水不太滾，蛋白是不會溢出來的，不必加醋也可以。

怎樣分辨生蛋和水煮蛋呢？

以為是水煮蛋，拿來往額頭上一敲，結果生蛋汁流得滿臉……大家應該不會用這種搞笑綜藝節目橋段似的辦法來判別，所以究竟要怎樣分辨呢？旋轉雞蛋，用手指迅速碰一下然後抽回，水煮蛋會停止轉動，生蛋則因為裡面液體還在旋轉所以不會停……這辦法還是很難分辨。不然，把白色蛋殼的雞蛋對著光線看，若是生雞蛋表面泛青，水煮蛋則是白色的，但這樣分辨其實也不容易，果然還是直接拿起蛋往額頭上敲最準確……

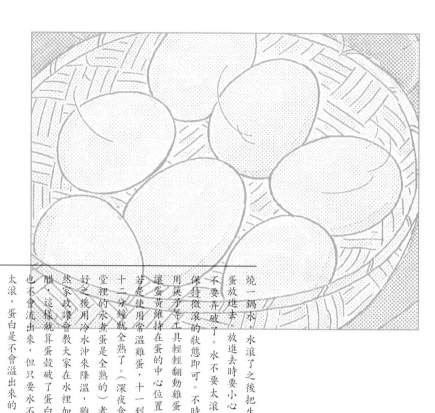

水煮蛋，溏心蛋的做法

照前一頁介紹的方式煮，全熟大約十一到十二分鐘，半熟的話大概六到七分鐘（從冰箱裡拿出來的雞蛋則要煮久一點）。若想要煮成蛋白凝固，蛋黃呈濃稠狀的溏心蛋的話，可以先將蛋泡在滾水中，讓蛋白先凝固。

此外，煮九分鐘後不要用冷水沖，而是泡進冷水裡慢慢降溫，趁還溫熱的時候吃也很不錯，蛋黃介於凝固和半熟狀態之間，溫潤美味。

溫泉蛋的蛋白為什麼比蛋黃軟？

通常用滾水煮蛋，蛋白跟蛋黃都會凝固。由於熱源來自外圍，外層的蛋白會先受熱凝固，所以減少煮的時間就能煮出溏心蛋。但事實上蛋黃跟蛋白凝固的溫度有差別，蛋黃約攝氏七十度，蛋白則是約攝氏八十度凝固。因此用七十到八十度的水溫來煮，蛋黃就會凝固，而蛋白卻不會，這就是溫泉蛋的原理。溫泉的源頭差不多是這樣的溫度，所以可以煮出蛋黃凝固、蛋白未凝固的美味溫泉蛋。

水煮蛋有剩的話……
對了，來做塔塔醬當零嘴吧！

水煮蛋應用範圍甚廣，比方說塔塔醬。把水煮蛋、洋蔥、酸豆、醃黃瓜、黃芥末醬等各種材料切碎，再拌進美乃滋拌，就成了炸魚排等料理的經典沾醬。但是更簡單易做的「塔塔醬風味蛋」就夠美味了。水煮蛋和洋蔥切碎，加上大量美乃滋即可，能撒上黑胡椒更好。光這樣就是萬能下酒菜和可口配菜。

對了，美乃滋也是雞蛋做的，所以這是親子沾醬?!

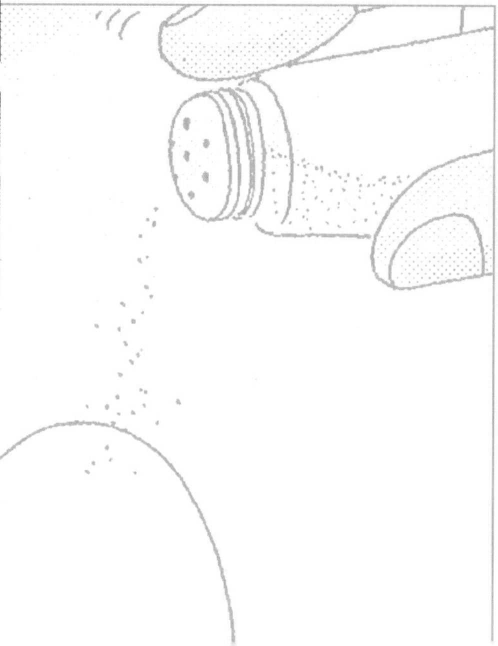

鵪鶉蛋的話，一下子就滷好了

大家可不能忘了鵪鶉蛋。中華丼要是沒有水煮鵪鶉蛋，就不算中華丼了。炸鵪鶉蛋跟啤酒更是絕配。不想那麼麻煩的話，何不用鵪鶉蛋做滷蛋呢？就把水煮鵪鶉蛋浸在醬汁裡就好。醬汁用沾麵醬油，或是味醂加醬油都可以。浸個半天，顏色跟味道都滲進去後，最適合下酒。比雞蛋簡單，一下子就能做好。

「雞蛋不是一天只能兩個嗎？」

「一星期一次吃七個，不就等於一天一個嘛。」

（出自《深夜食堂》第32夜）

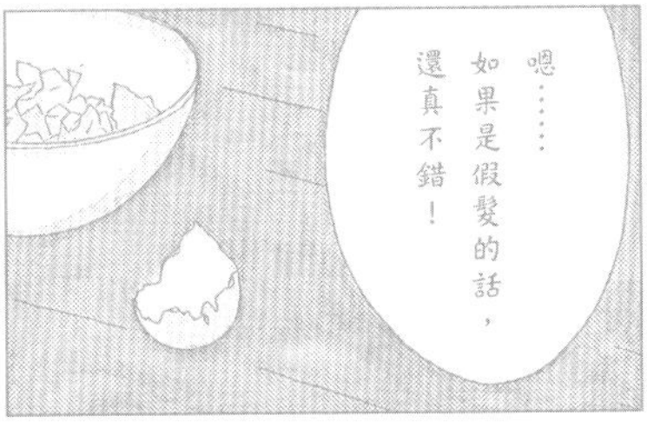

清口菜◎中濃調味醬

只要有這個就啥也不怕了。
中濃調味醬就是這樣的料理。

調味醬不像醬油常被用於料理，有人甚至覺得是上不得檯面的調味品。但我們卻認為調味醬和醬油的口感其實並駕齊驅，不，有時候甚至還遠勝於醬油。調味醬就是這麼讚的調味料，其中又以中濃調味醬「實力」最強。

比方說高麗菜（也稱甘藍菜）絲白口吃實在不怎麼樣，但是加醬油，撒鹽都不對勁，果然還是淋中濃調味醬最對味好吃。不過有人也主張「加美乃滋比較好吃」，其實在美乃滋上面再淋中濃調味醬，美味立刻提增不少。還是中濃調味醬比較厲害。

另外，十九世紀時英國人把蔬菜水果和香料放在一起，產生了混合各種香味的濃郁液體，那就是調味醬的起源。再補充一點，辣醬油、中濃調味醬和濃厚調味醬（炸豬排沾的調味醬）是依濃稠程度分類的。最受歡迎的還是中濃調味醬，偏好中庸之道正是日本人的美德啊！

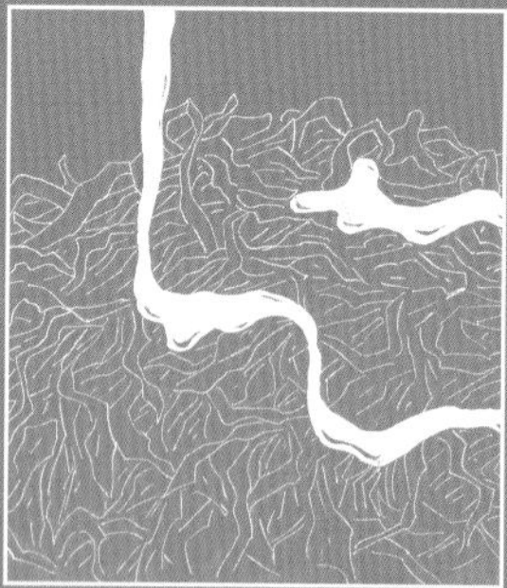

「甘藍菜切絲，
淋上調味醬，
喀喳喀喳地吃，
味道實在不錯。」
（出自《深夜食堂》第112夜）

月牙夜

櫃臺、
獨酌、
日本酒……
這種時候的下酒菜
果然還是要章魚腳吧！

第6夜◎章魚腳

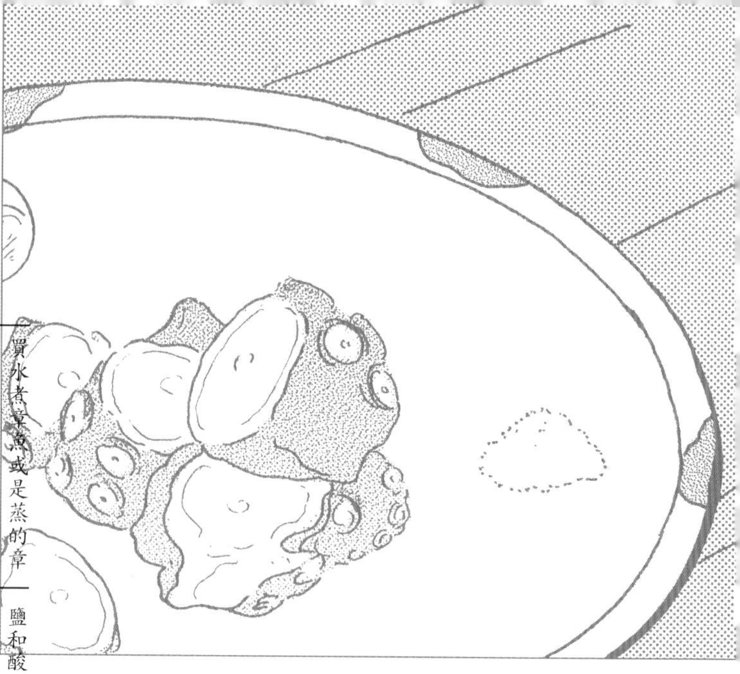

買水煮章魚或是蒸的章魚，兩隻腳足夠當小菜。切成適當大小，隨興切切即可，稍微大塊一點的口感比較好，會有咀嚼著章魚的飽實感。章魚腳裝盤，旁邊綴上食鹽和酸桔就完成了。①直接吃。②沾少許鹽吃。③擠一點酸桔汁吃。④先擠一點酸桔汁再沾鹽吃——享受四種不同味道。再配上熱酒就無懈可擊啦！

這是真正的章魚燒？

章魚腳很好吃，雖然好吃，做太多了難免也會剩。有剩的乾脆做「章魚燒」吧！但這可不是裹上麵糊煎成圓球的章魚燒，而是直接把章魚腳放進平底鍋裡煎。煎到邊緣微焦，風味又完全不同了，而且跟鹽和酸桔也很搭。更進一步淋上少許醬油來燒，香味四溢讓人口水直流，也非常下酒。

但這樣就不是章魚燒，而是「燒章魚」啦……

章魚腳有剩的話，就醃了吧！

剩下的章魚腳利用法之二。洋蔥切絲，和章魚腳一起放進容器。淋上醋跟橄欖油，放冰箱冷藏，冰個約一小時就是醃章魚了。

要是這樣還有剩的話，就煮義大利麵，放進平底鍋加入章魚腳拌炒，立刻變成海鮮義大利麵。麵線也是不錯的選擇。若還有剩，就把章魚腳切成小塊，跟蕃茄罐頭一起下鍋，煮成法式燉章魚。

怎樣，沒有剩了吧……

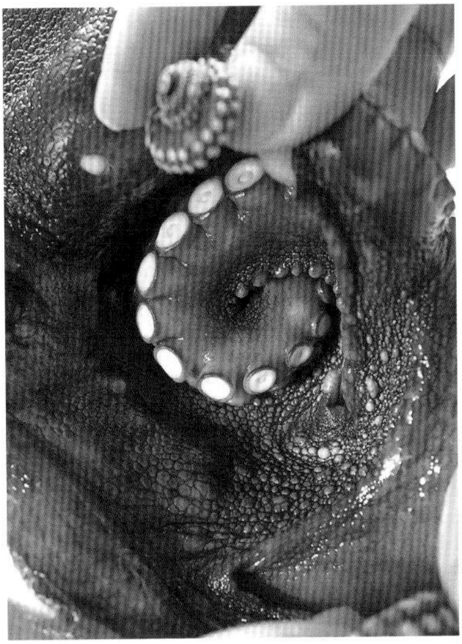

如何選擇好吃的章魚？

據說章魚的味覺比人類靈敏一百倍，所以牠們因此「懂得」吃蝦子、螃蟹、鮑魚等等高級食材吧……成天都吃這些美味食物，想必章魚本身吃起來一定也好吃。

章魚腳（其實是觸手）肥厚肉多，筋肉強健的比較好；吃得好、有運動的傢伙才好吃。此外，吸盤裡側摸起來粗粗硬硬的章魚才新鮮。總之，要買章魚就要選「肉厚皮粗」的。

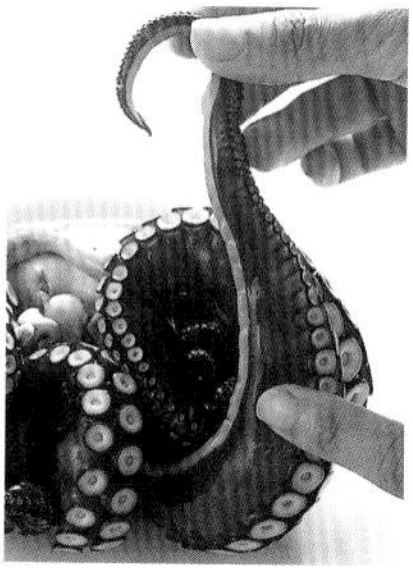

要怎樣分辨章魚的性別？

章魚的性別要怎樣分辨呢？腳（觸手）上有一條白線的就是公的，沒有就是母的。正確說來，公章魚眼睛旁邊，從右邊算起第三隻腳上有白色的輸精管。

公母章魚通常沒有味道上的差異。只不過日本的「真章魚」產卵期分別是夏天跟冬天，產卵的母章魚體型肥大美味，產卵後肉就瘦了，沒那麼好吃了。章魚肥美的時期正值戴著麥桿草帽忙著農事的月份，所以又有「麥桿章魚」一說。

有烏賊墨汁麵，為什麼沒有章魚墨汁麵呢？

答案很簡單，因為烏賊墨汁好吃，章魚墨汁不好吃。烏賊墨汁含有胺基酸等美味的成份，黏稠濃郁，適合用來拌義大利麵。章魚墨汁則是稀的，沒有什麼美味的成份。

烏賊噴出黏稠的墨汁，製造出跟自己相似的形狀，混淆敵人視聽。章魚則噴出稀稀的墨汁當煙霧彈，趁機逃跑。逃走方式的差異就是味道的差別。

章魚會吃自己的腳

據說……章魚雖然是味覺敏銳的美食家，但因為食量很大，肚子一餓起來，管他是小魚還是貝類全都會吃。要是沒東西吃，甚至會吃自己的腳（觸手）……但這說法只對了一半。章魚的確會吃自己的腳（觸手），但這不是因為肚子餓，而是因為環境急遽變化之類的壓力。築地市場的中盤商曾經切開章魚發現體內有腳，所以顯然是真的。章魚其實是心思纖細的美食家。

「把酸桔汁擠在章魚腳上，或是沾鹽，這就是佐野的吃法。」

（出自《深夜食堂》第101夜）

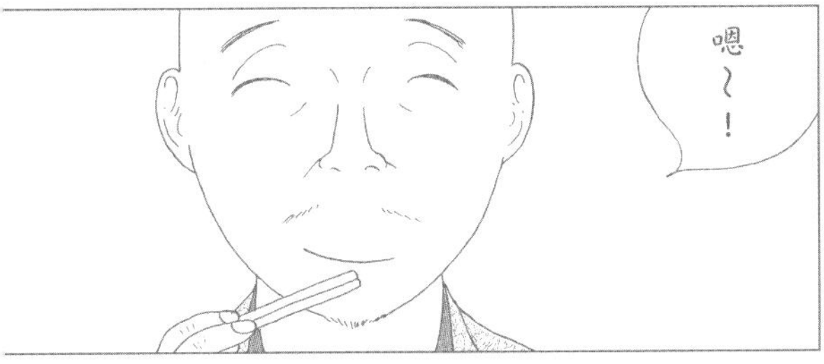

第7夜◎鹽漬鮭魚

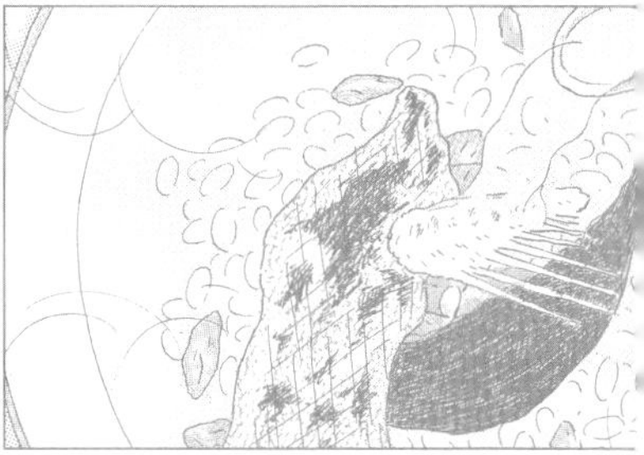

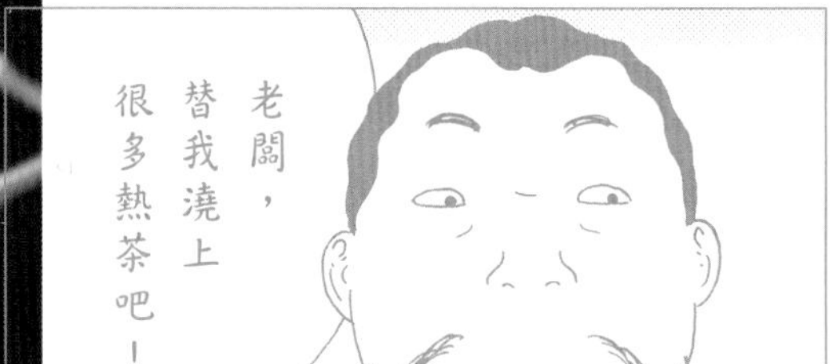
老闆，替我澆上很多熱茶吧！

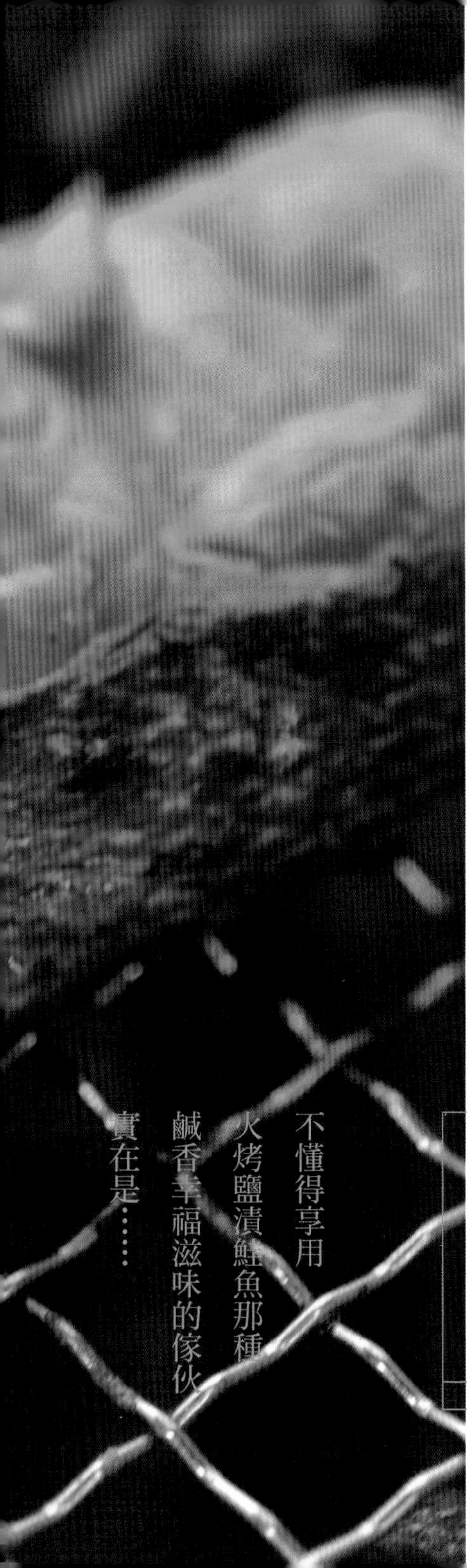
不懂得享用
火烤鹽漬鮭魚那種
鹹香幸福滋味的傢伙
實在是……

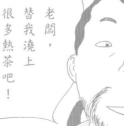

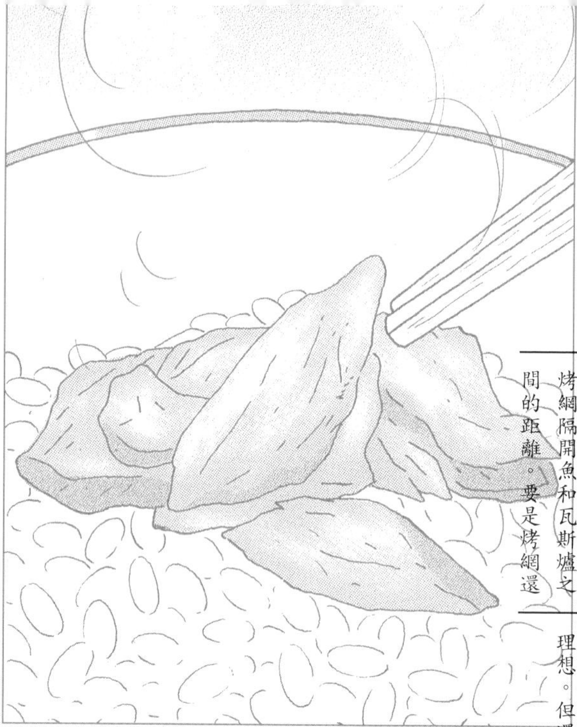

鹽漬鮭魚切片後，放在炭火上慢慢地烤著……這有點麻煩，所以還是用瓦斯爐架烤架或是烤魚的網子來烤。烤魚的基本原則是「隔著距離的大火」，建議用兩層烤網隔開魚和瓦斯爐之間的距離。要是烤網還沒熱就把鹽鮭放上去，皮和肉會黏在網子上，要不就在烤網上塗油，這樣就不會沾黏了。烤到魚皮開始焦的程度，魚肉表面已經硬了，但內芯還是軟的，這樣最理想。但還是不容易。

第一碗是鹽漬鮭魚丼、第二碗是皮骨茶泡飯

烤好的鹽漬鮭魚非常下飯。把肉剔出來，放在白飯上吃。享用完第一碗以後，第二碗用剩下來的魚皮魚骨放在飯上，做茶泡飯。皮和骨都吸收了鮭魚精華和鹽份，這是最好吃的鮭魚茶泡飯。皮骨茶泡飯如此美味的程度，相信是只吃過鮭魚肉茶泡飯的人完全無法理解的。

魚類跟肉類都是皮和骨頭周圍的肉最好吃。總是不懂得吃鹽漬鮭魚皮跟魚骨，特別是連帶肉的皮骨也挑食的年輕人啊，你們的人生可白活了呢！

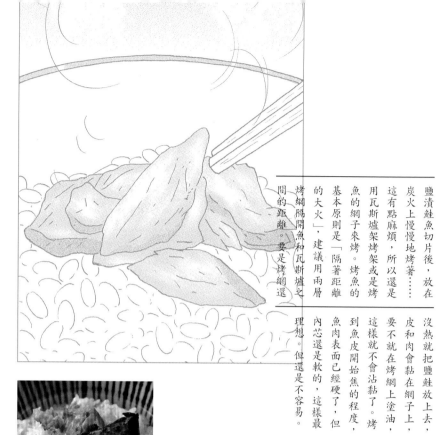

剩下的鮭魚拿來炒飯、做義大利麵，好吃得驚人

把烤過的鮭魚肉剔下來，在平底鍋裡熱麻油，放進剔下的魚肉和切碎的長蔥。然後只要加上白飯拌炒，就成了好吃得驚人的鮭魚炒飯。要不就煮好義大利麵，在平底鍋裡加橄欖油，放進鮭魚肉和義大利麵一起炒，然後撒上大量胡椒，就是超美味的鮭魚義大利麵。

利用自古以來以「重鹹」聞名的鹽漬鮭魚拌炒，將鮭魚的鹹味和鮮美轉移到白飯跟義大利麵上。

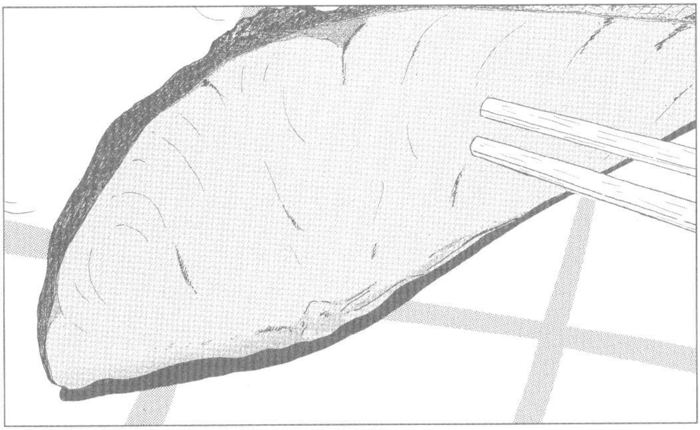

鮭魚的形體跟味道五花八門

鮭魚其實有很多種。比方說右上的圖片是鮭魚中體型最大的「帝王鮭」。這是高級品，價格不便宜，多產於阿拉斯加和加拿大。中間則是「秋鮭」，是一種白鮭，在日本最常捕獲，總在秋天為了產卵逆流而上的途中捕獲而稱之為「秋鮭」。最左邊則是「時鮭」，春天接近初夏的時節，從北海道沿著東北海岸迴游的白鮭稱之為「時鮭」或「時不知」。雖然體型比秋鮭小，但脂肪豐富，肉質緊實，非常好吃。其數量稀少，價格也貴。

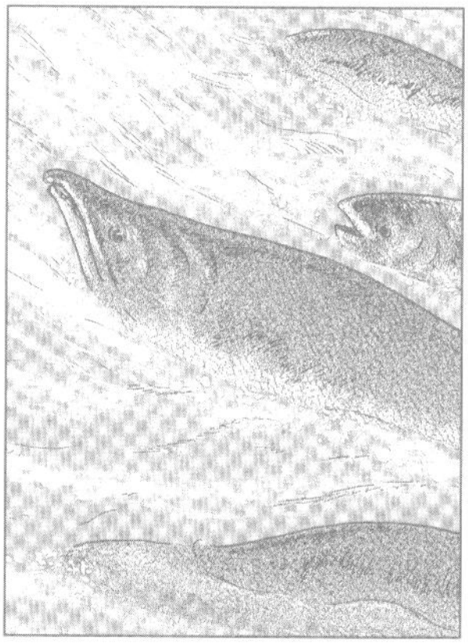

鮭魚怎麼唸：SAKE或SHAKE？

日文中鮭魚的正式唸法是「SAKE」（さけ），但也有很多人唸成「SHAKE」（しゃけ）。比方說鹽漬鮭魚唸成「SHIOZAKE」（しおざけ），但唸成「SHIOJAKE」（しおじゃけ）感覺起來比較好吃。一說是「SAKE」指游動的活魚，「SHAKE」指魚片之類的食材。也有人說「SHAKE」源自北海道原住民的愛奴語「SHAKENBE」（シャケンベ），眾說紛紜。但在關東地區通常都唸「SHAKE」，而「SAKE」是方言的說法最為有力，因為江戶人無法正確發出「SA」、「SHI」的音……

鹽漬鮭魚去鹹的方法

以前鹽漬鮭魚一定死鹹，為了長久保存而醃製的食品非鹹不可，只要吃一點就能配很多口飯，鹹真的很下飯……

現在已經不是那種時代了。雖然鹽漬鮭魚要鹹才好吃，但覺得「鹹得要命吃不下去！」的人，就把鹽漬鮭魚先用鹽水泡過再烤吧！若用白開水，鹹味跟鮭魚的鮮味都會泡掉，所以要用微鹹的鹽水浸泡。

這樣就可以去鹹了，雖然很可惜……

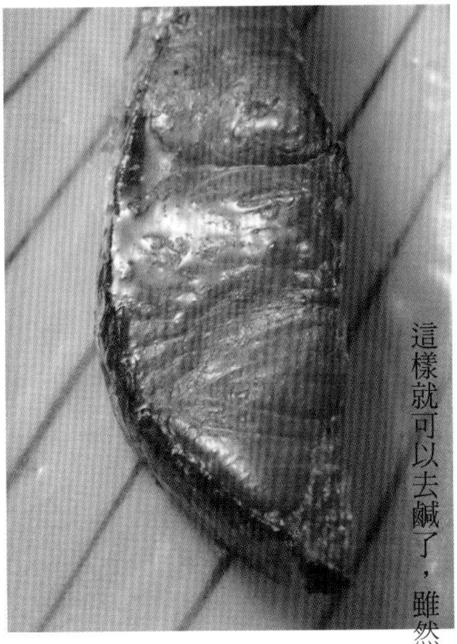

「看見大熊吃鮭魚，
就想到北海道
那種木雕紀念品。」
（出自《深夜食堂》第105夜）

敲破雞蛋用油煎。
不過是這樣的料理，
怎麼會
如此深奧呢……

第8夜◎荷包蛋

平底鍋熱油，打顆雞蛋在鍋裡煎。這是超簡單料理的代表，但其實很深奧的。用不沾鍋煎，不要加油，味道紮實。多放點油接近炸的狀態，香味四溢。用沙拉油味道清爽，用麻油則風格強烈。順便一提，深夜食堂裡出現了雙黃荷包蛋，據說母雞第一次下的蛋多半是雙黃喔！

太陽蛋和兩面煎

荷包蛋有各種煎法，一般只煎一面的叫「太陽蛋」（sunnyside up），國外比較常吃的是「兩面煎」（turn over）。此外，兩面煎還分略煎表面、吃起來半熟的「over easy」和蛋黃全熟的「over hard」。不過兩面都煎，就很難兼顧外型漂不漂亮。要是想煎得漂亮，不妨在平底鍋裡加一點水，蓋上蓋子悶一下，不用翻面，也能煎成蛋黃表面凝固的太陽蛋。請試做看看。

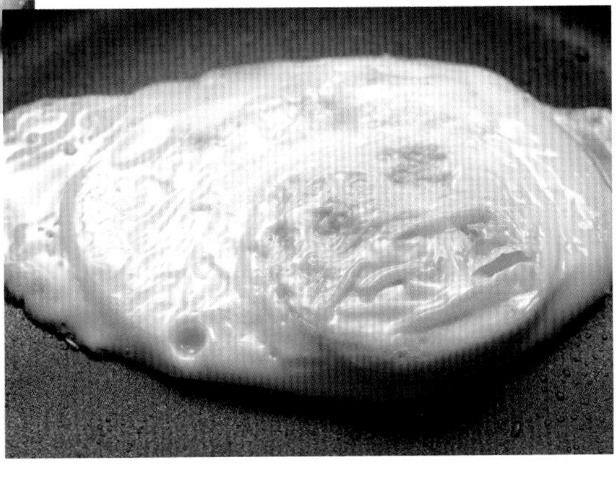

荷包蛋
最美味的吃法
或許是放在白飯上……

雖然客氣地說「或許是」，但荷包蛋最美味的吃法「絕對是」放在白飯上。蛋黃煎半熟，然後蓋在白飯上。用筷子把蛋黃戳破，蛋黃流在飯上再淋醬油，一口氣把飯扒光……啊，真是太讚了。白飯上的荷包蛋要趁熱吃，即能品嚐蛋黃白飯的醍醐味。此外，我們發現略焦的蛋白意外地下飯……荷包蛋丼的美味真是說也說不完，絕對是第一名的丼飯。

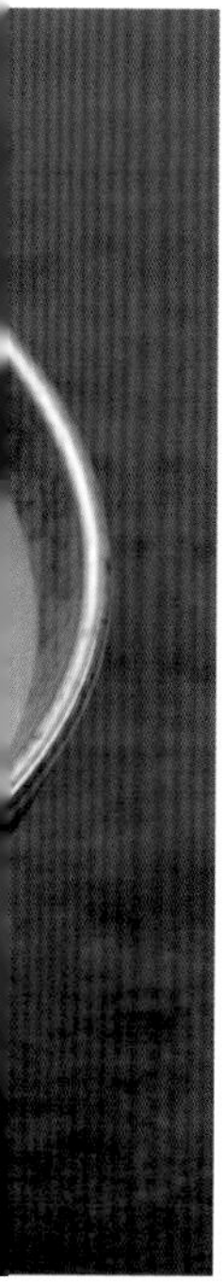

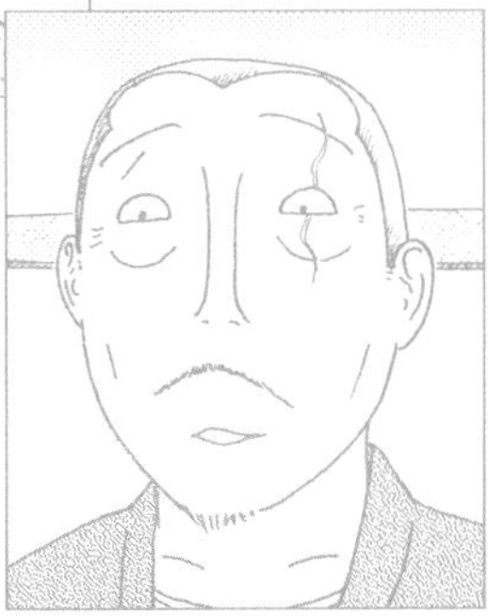

「分身嗎？」

「嗯。」

（出自《深夜食堂》第110夜）

第9夜◎泡菜豬肉

豬肉和泡菜是
最強的組合。
配白飯當然不用說，
下酒也超讚！

泡菜豬肉……
泡菜豬肉……

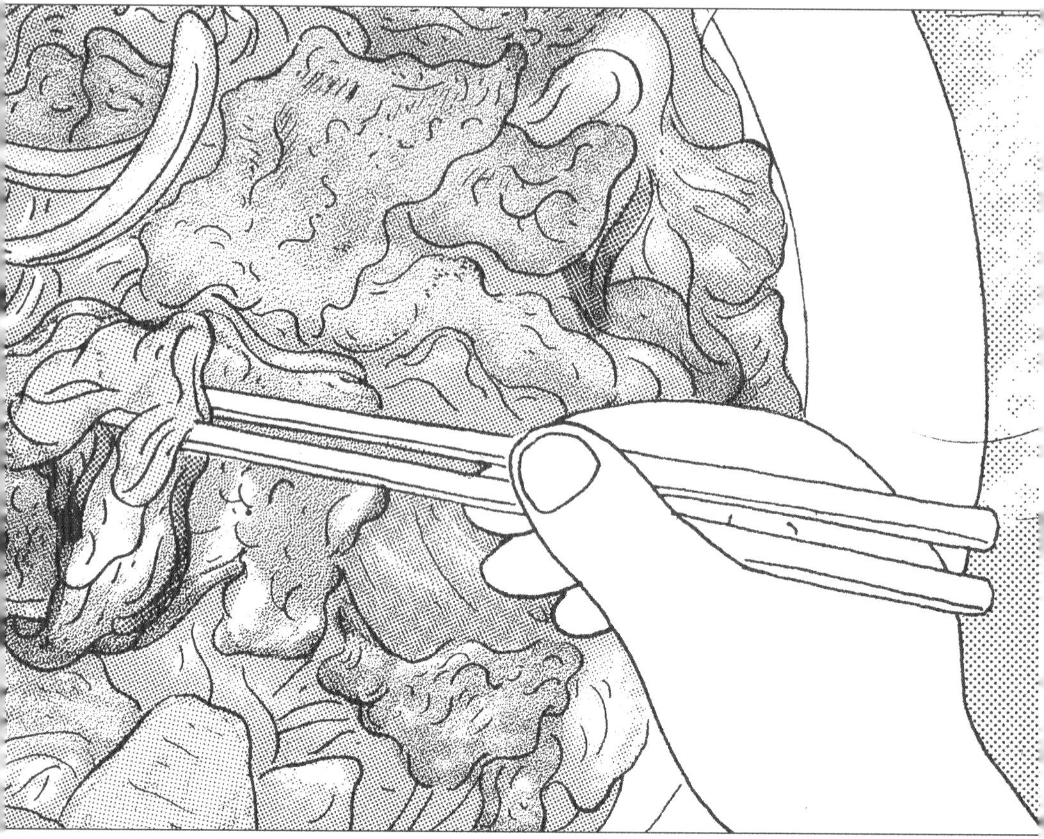

準備豬五花肉片、泡菜、切成適當大小的洋蔥。熱平底鍋，加入麻油炒五花肉跟洋蔥。肉片變成褐色的時候加入大量泡菜（連泡菜汁一起放入），全體炒勻之後就可以起鍋了。裝盤後再淋上麻油，香味更加濃郁。新醃製的泡菜雖然不錯，但酸味較重的老泡菜味道更佳。對了，別忘了多煮一點飯。

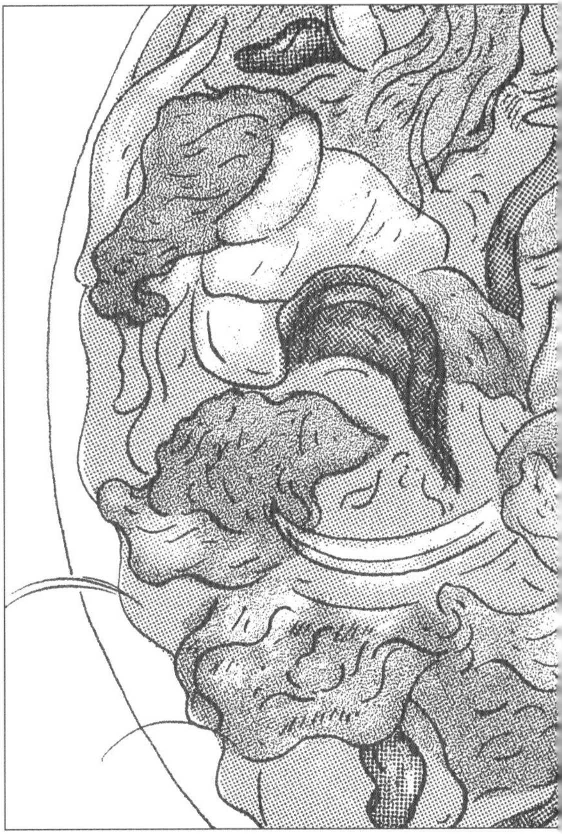

炒烏龍麵或放在烤麻糬上都很好吃

泡菜豬肉極致好吃是無庸置疑的，不管幾碗白飯都吃得下，但除了配白飯以外也有其他的美味吃法，比方說，炒烏龍麵。把袋裝的熟烏龍麵丟進平底鍋炒，再加入豬肉跟泡菜就是豬肉泡菜烏龍麵了。炒烏龍麵的時候淋一點醬油會更有滋味。

要不就把豬肉泡菜放在烤好的麻糬上，灑一點韓國海苔，這樣也很好吃。

泡菜放愈久愈好吃

日本的醃漬食品分為淺漬跟古漬，風味各有不同，也因為醃漬程度不同而形成不同的美味。醃漬時間不久的泡菜仍有蔬菜的新鮮爽脆，這種泡菜直接吃最好。

另一方面醃漬久一點，泡菜開始發酵，產生獨特的酸味，更加好吃。這種泡菜用來做料理最好，更理所當然適合泡菜豬肉之類的炒菜，而放進火鍋或湯裡味道更有層次。古漬泡菜是最強的發酵調味料。

日本最暢銷的醃漬物是泡菜

黃瓜和茄子的米糠漬，醃蘿蔔、奈良漬、福神漬……日本的醃漬物多彩多姿。從古至今醃漬物都是下飯和配酒的小菜，備受大眾喜愛。以前家家戶戶都有用來醃食物的米糠，餐桌上都有自家的醃漬物。

但是根據食品供需調查的結果，現在產量最大的醃漬物是泡菜。一九八九年時產量將近七萬噸，二十年後已經增加為二十四萬噸。一九九七年泡菜就已經超越一般醃菜的生產量，直到現在仍是日本最暢銷的醃漬物。

「減肥的大敵！泡菜豬肉
我最少要配四碗飯啊。
我覺得自己已經很能忍耐了。」
（出自《深夜食堂》第63夜）

第10夜◎奴豆腐

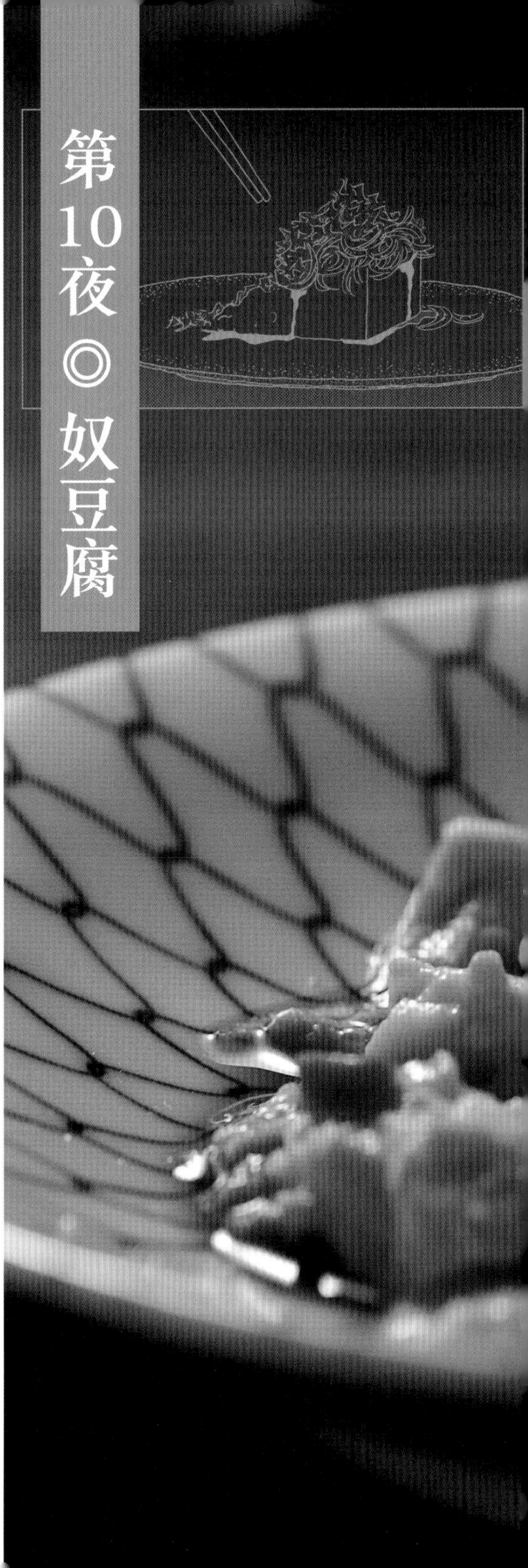

有些晚上
一塊豆腐
就能填滿肚子跟心靈。
上面妝點不同香料，
改變氣氛也挺不錯。

奴豆腐再來一份好嗎?
奴豆腐就是把洋蔥絲跟柴魚片放在豆腐上，淋醬油和麻油。

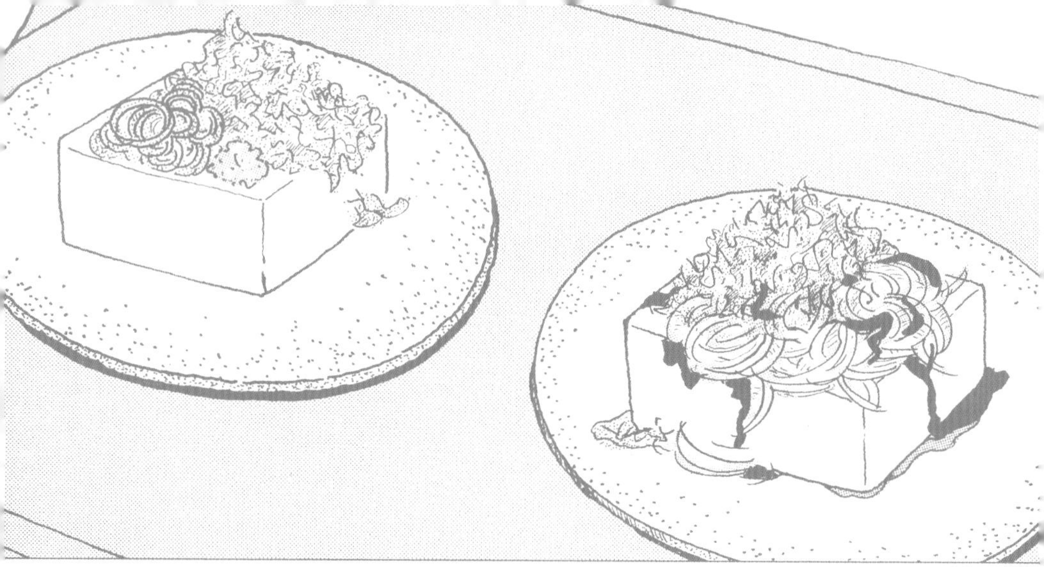

奴豆腐八變化，隨著配料不同，什麼酒都好搭

A 吻仔魚、拌飯香鬆

在豆腐上面放吻仔魚，撒上拌飯香鬆。吻仔魚跟香鬆不同的鹹味能引出豆腐的味道。用碾碎的梅乾代替香鬆也可以。

B 滑菇、芥末

放很多滑菇，加上芥末。滑菇的鮮甜跟芥末的嗆辣讓豆腐更好吃。再加點蘿蔔泥和碎海苔都好。

C 黃蘿蔔絲、麻油、芝麻

放上黃蘿蔔絲、淋麻油然後撒上白芝麻。黃蘿蔔乾本身跟豆腐不怎麼合，但加上麻油就搖身一變合拍得不得了。淋醬油也不錯。

D 切碎的納豆、長蔥、醬油

把切碎的納豆、長蔥放在豆腐上，淋上醬油。豆腐、納豆和醬油都是黃豆產品，這道菜取名為「黃豆三兄弟」。完全不衝突的味道讓豆腐更好吃。

淡

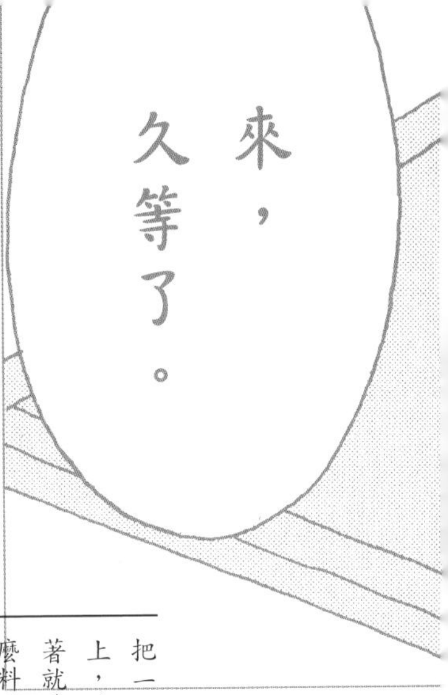

把一塊豆腐放在盤子上，這樣就完成了，接著就看你愛在上面加什麼料，愛怎麼吃就怎麼吃。醬油、薑末、蔥和柴魚片、洋蔥絲……加什麼都可以。豆腐是純潔無瑕的，所以容納的範圍非常廣泛：胸襟寬闊，無論怎樣的伙伴都能接納。但是豆腐會出水一定要瀝乾。濕淋淋的豆腐是不行的，看見盤子裡有水會高興的只有河童……

E 魷魚絲、辣油

把魷魚絲放在豆腐上，撒鹽加辣油。極端的味道組合，加上辣油也來插一腳，入口的瞬間會有些遲疑，但吃著吃著就好吃起來了。

F 洋蔥絲、美乃滋、醬油

切絲洋蔥和上美乃滋，淋上醬油拌勻。這種濃稠的配料跟清淡的豆腐甚為搭配。

G 泡菜、榨菜、韓國海苔

泡菜和豆腐很搭的，再加上榨菜跟韓國海苔，味道更為深奧。豆腐在中韓聯手護航下，味道更上層樓。

H 咖哩、蔥

有點難以想像的配料。光是加上咖哩的話，豆腐只不過是代替白飯而已。但加上蔥就成了像樣的小菜啦。

濃

為什麼稱為「奴豆腐」呢？

江戶時代大名出巡，隊伍的前導慣例都是持長槍的「槍奴」。這些槍奴多半都穿著印有四角形花紋的上衣，同時，把東西切成四角形又叫做「切成奴形」。因為豆腐也是四角形，所謂的「奴形」，所以冷豆腐叫做「冷奴」。此外，江戶時代的食譜《豆腐百珍》曾提到奴豆腐，但沒有詳細記載料理方法。這表示奴豆腐已經是當時普及的豆腐料理了。

「豆腐」和「納豆」的意思
「上錯身」的說法是逸聞訛傳?!

一直以來有人提出這樣的說法：字面上看，豆腐是「豆子腐了」，應該是指發酵腐掉的「納豆」；納豆的字面上是「把豆子收起來」，指的是「豆腐」才對。所以豆腐跟納豆的意思根本是「上錯身」……但這好像是訛傳的。真正講起來「腐」是指柔軟的固體，或是柔軟而凝結的物體，豆腐名符其實就是豆腐。另一方面，納豆似乎是因為寺廟收藏種種進獻物的地方叫做「納所」而得名的，果然納豆還是納豆。

想成為能分辨其差異的男人，「木棉豆腐」跟「絹豆腐」有何不同？

非常簡略來說，豆腐是豆漿加滷水，然後放入模型中凝固而成。木棉豆腐是在可以讓水份流出的開洞模子裡鋪上棉布，倒進豆漿和滷水。水分會透過棉布從洞裡流出來，凝結成比較硬的豆腐。

另一方面，「絹豆腐」並不是鋪上絲綢，而只是把豆漿和滷水倒進沒有開洞的模子裡而已。凝固的時候水份較多，所以口感滑嫩柔軟，像絲綢一樣。

醬油是「soy sauce」，豆腐卻是「tofu」

海外興起的日本料理熱潮絲毫沒有消退的趨勢，全世界各國都有壽司店，不少法國主廚也使用起醬油或芥末料理，當然豆腐也很受歡迎。

然而全世界通稱醬油為「soy sauce」，豆腐雖然也有字義上「bean curd」的稱呼，但一般都叫做「tofu」。看來豆腐要成為世界的共通語言了呢！

「最近大概每十天
就來一次，
每次一定吃兩塊。」
「年輕人
能瞭解這味道，
真教人高興。」
（出自《深夜食堂》第48夜）

第11夜◎炸雞

一吃炸的東西就想喝啤酒，
而炸雞更讓人想喝酒。

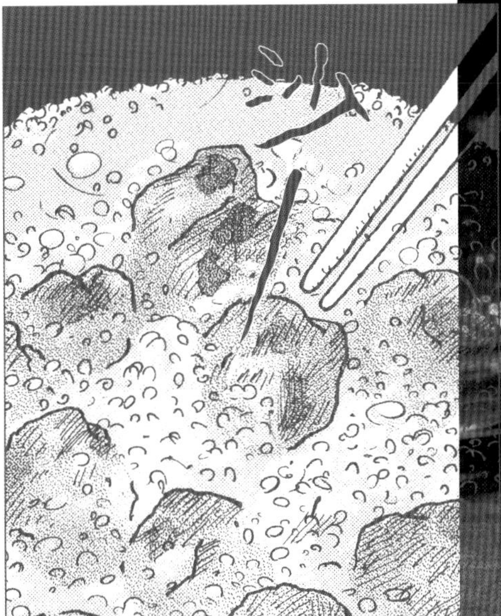

雞腿肉切成適當大小，麵粉和太白粉加上少量水調成糊狀製成麵衣，雞肉裹上麵衣下鍋油炸。雞腿肉直接炸也可，或是用醬油、酒和薑醃過

後再裹麵衣炸。重點是雞腿肉要常溫，麵衣不能太厚。炸到稍微有點顏色後先撈起來，然後第二次再炸到呈褐色，這樣就會又香又脆了。

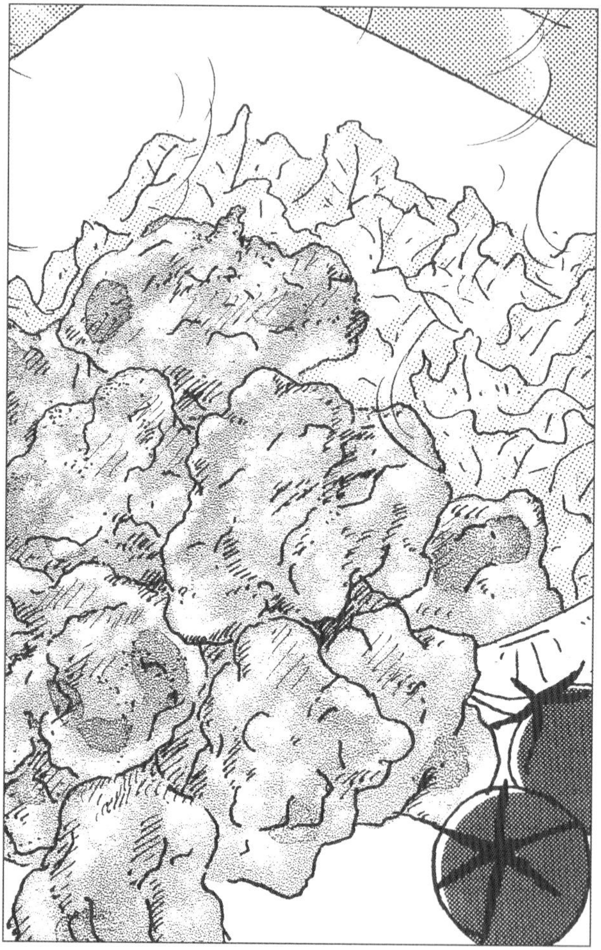

炸雞隨著配料不同，變身為和風、洋風、和中華風

自己炸或是買現成的都可以，只要改變配料，炸雞也能有不同的風味。比方說鋪上蘿蔔泥，擠一點酸桔汁就是和風炸雞；要不就淋上市面上賣的牛肉醬或燉牛肉汁，然後加點乳酪，就是濃厚的西洋口味。還可以淋上蕃茄醬、麻油跟辣油混合的醬料，就成了中華風。自己炸的話，在麵糊裡加蛋，稍微沾厚一點炸，更像中國菜了。

這種「親子丼」還真不錯！

說到親子丼就是雞肉和雞蛋，炸雞和蛋花也算是一種親子丼，而且蛋花炸雞丼意外地好吃。因為炸雞的油炸麵衣，其實口感與味道比普通親子丼更濃郁美味。

話題稍微偏離炸雞，其實雞排親子丼也同樣好吃。炸雞跟雞排都有點油膩，建議撒上一點山椒食用，清爽的香氣可以去油解膩。

「唐揚」、「空揚」和「龍田揚」有何不同？

炸雞在日文叫「唐揚」，「揚」指的是做菜時的油炸手法。日本的炸雞又有「唐揚」、「空揚」等不同名稱，但似乎都源自明治時代麵衣比天婦羅薄的「空揚」一詞（江戶時代從中國傳到日本的《晉茶料理》中就有「唐揚」這個詞彙，但跟現在的「唐揚」大相逕庭）。

另一種「龍田揚」是把肉醃過再裹太白粉下去炸的食品，外觀模仿賞楓名勝奈良的龍田川上隨波漂流的紅葉，因此龍田揚一定要留一點太白粉的白色，全染上醬油的顏色就不對勁了。

「要不要炸雞啊？」
「今天不用了，
夢裡哥哥買了
好多炸雞給我。」
（出自《深夜食堂》第35夜）

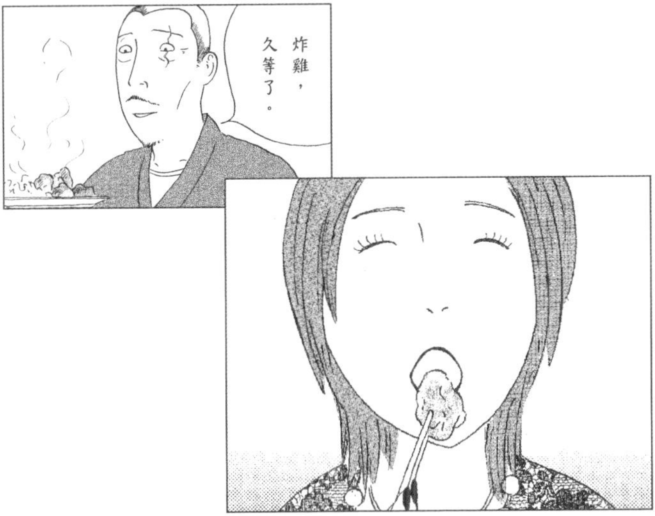

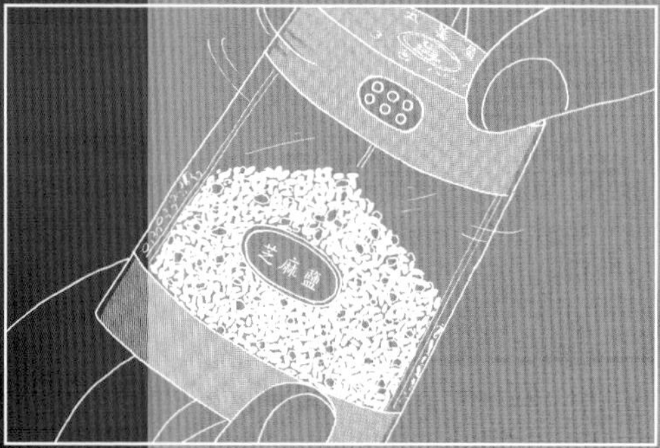

分明是輪流平均使用的，
結果最後剩下的
總是芝麻鹽……

清口菜◎三色拌飯香鬆

小時候餐桌上一定有三色拌飯香鬆：海苔、鱈魚子、芝麻鹽。今天飯上要撒哪種呢，每天都好難選擇。拌飯香鬆也是便當的好朋友，相信很多媽媽是每天輪流撒一種在便當飯上的。

照理來說這三種口味是平均使用，但海苔跟鱈魚子沒了的時候，往往芝麻鹽總還有剩。這麼說來，一開始芝麻鹽的量好像就比較多。

我們問了「三色拌飯香鬆」的經銷商丸美屋食品，他們回答：「以前芝麻鹽的量的確比較多。但內容量已經在二〇〇六年八月改過了。」

海苔從十六公克增為十八公克、鱈魚子維持原來的十九公克，芝麻鹽從二十三公克減為十九公克。果然是芝麻鹽最多，所以才減量了。芝麻鹽以前第一名的地位隨著時代變遷而隕落了。

對不起。不知怎地想跟芝麻鹽道歉……

「結果最後
剩下的總是……」
「嗯？」
「芝麻鹽。」
（出自《深夜食堂》第41夜）

半月夜

包著保鮮膜的煎餃
從外賣的箱子裡
拿出來的瞬間，
食慾就爆發了。

第12夜◎煎餃

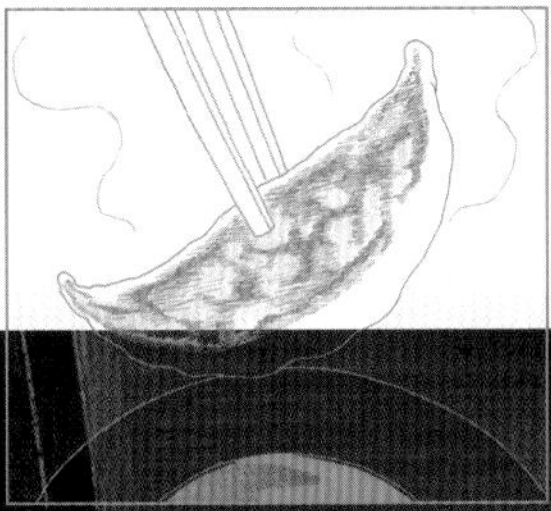

餃子、餛飩、春捲。為什麼皮都不同？

我們問了東京餛飩本舖，他們說：「配合不同產品所以麵皮的大小不同，厚度也不同。雖然原料都是麵粉、澱粉和食鹽，但比例是不一樣的。餃子皮和燒賣皮麵粉的比例比較高，春捲皮麵粉的比例則較低。」

配合煎、蒸、炸等不同的調理方式，為了做成好吃的食品，也煞費功夫製作出各種不會破的麵皮。

好吃的煎餃做法：首先把高麗菜或白菜切碎，撒上鹽巴把水擠乾。然後加入豬絞肉、醬油、酒、麻油、薑末、蒜末等調味。用餃子皮包餡然後煎——非常費工，所以還是出去吃或是叫外賣吧。要是有像深夜食堂裡的李先生那樣，能在三更半夜送煎餃的人就好了……

冷凍餃子的美味煎法

冷凍餃子品質很優的，好好煎的話三更半夜也有美味煎餃可吃。現在就來介紹如何煎出好吃的餃子。

平底鍋裡不要放油，擺好冷凍餃子加熱。接著加水，但不是冷水而是熱水，然後蓋上蓋子。燒一會兒之後打開蓋子讓蒸氣散去，把水燒乾。餃子開始有點焦的時候淋上麻油，然後把焦的那一面往上翻，就完成了。重點是要加熱水，最後淋麻油。

超簡單的自家製辣油，香味別具一格！

準備了超好吃的煎餃，只沾醬油和醋太可惜了，忍不住做了自家製辣油，這一點也不麻煩。把辣椒粉放在鍋子或碗裡，然後倒進加熱的麻油。要小心，不止熱油會濺起來，強烈的香味也會跟熱氣一起散出。一定要先開抽風機。

這樣自家製辣油就做好了。通常是放涼之後再使用，但用剛做好的辣油沾煎餃吃滋味更加不同。

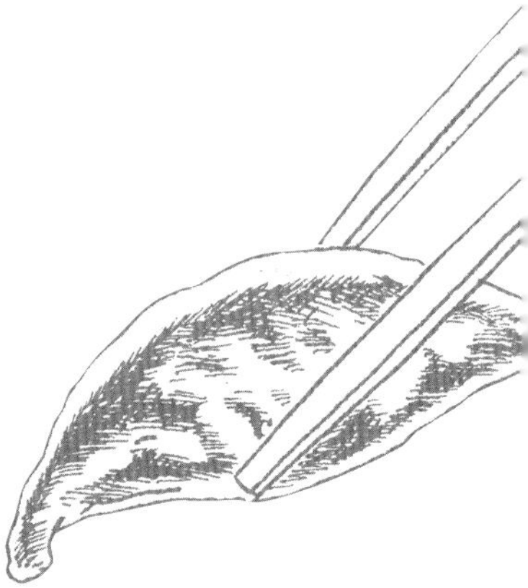

煎餃之都宇都宮的吃法

元祖煎餃城市宇都宮當地人真的非常喜歡煎餃。之所以這麼說，是因為當地專門賣煎餃的老店既不賣啤酒，連白飯也沒有，只賣煎餃；而客人全都默默地只吃煎餃。

點菜也很厲害。「煎二、水」。完全不知道是什麼意思。原來是兩人份煎餃和一人份水餃。水餃是跟湯一起上的湯餃，湯的調味是醬油、醋和辣油，一面喝湯一面吃餃子。

「外賣」與「箱子」的語源

日文中「出前」這個漢字所指的外賣，原意是「拿著來到您（御前）面前」。另有一說是因為一人份（一人前）的份量用「前」為單位。順便一提，日文口語中用OMAE（おまえ）這個詞稱呼對方聽起來不太禮貌，但原來其實是從「您」（御前）轉化來的，是尊敬對方的稱呼法。

此外，外賣服務生運送的「箱子」這個詞是從發音相近的「木桶」轉化來的。又有一說是「箱子」是從日文發音相同的「旁邊」衍生出來的，因為箱子是提在旁邊的。

「外賣的煎餃嗎？」
「我們只點了兩人份喔？」
「我知道。
你吃了就曉得。
比我做的好吃多啦。」
（出自《深夜食堂》第25夜）

第13夜◎竹輪

竹輪為什麼有洞？
那是因為
要塞進小黃瓜
跟起司啊！

我想吃插了黃瓜的竹輪。

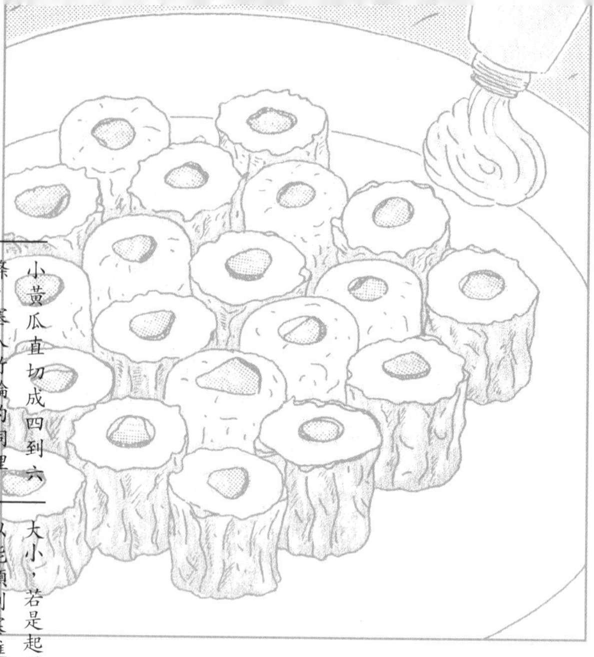

小黃瓜直切成四到六條，塞入竹輪的洞裡。竹輪切成四塊左右，裝盤擠上美乃滋。把起司塞進竹輪的洞裡就是另一種口味。使用黃瓜的話切成跟洞口差不多的大小，若是起司的話則以能順利塞進去為要。不管是哪一種都是配啤酒的絕佳小菜。別忘了動手之前先把啤酒冰好。

「竹輪」原來是「魚板」？

魚漿加工製品中，最熱門的是「竹輪」與「蒲鉾」，就是一般熟知的魚板。「竹輪」是把魚漿捲在竹子上烤，看起來很像湖泊或沼澤邊的蒲穗，所以在六百多年前的室町時代稱之為「竹輪蒲鉾」。

在那之後把魚漿鋪在板子上蒸熟成了魚板，卻沿用了「蒲鉾」這個名字。而外型像蒲穗形狀的產品則叫做「竹輪」。

「竹輪」跟「竹輪麩」有什麼差別？

「竹輪」是把魚漿捲在竹子之類的棒狀物上烤的東西，「竹輪麩」則是麵粉做的麩，只是外表看起來像竹輪而已，跟竹輪完全不一樣。有人說是明治時代東京的師傅從京都生麩那裡得到靈感做出來的。

東京以外地區很少見，但在東京卻是關東煮裡不可或缺的食材。

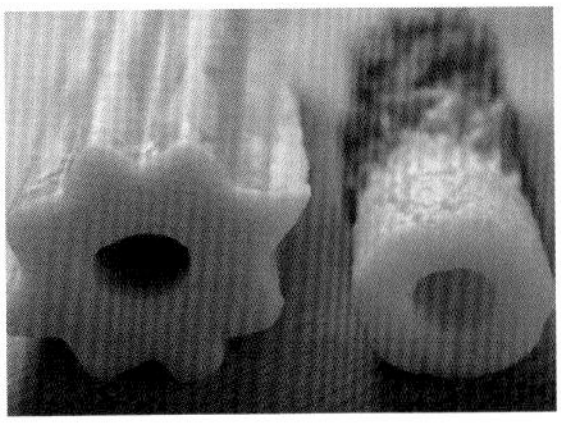

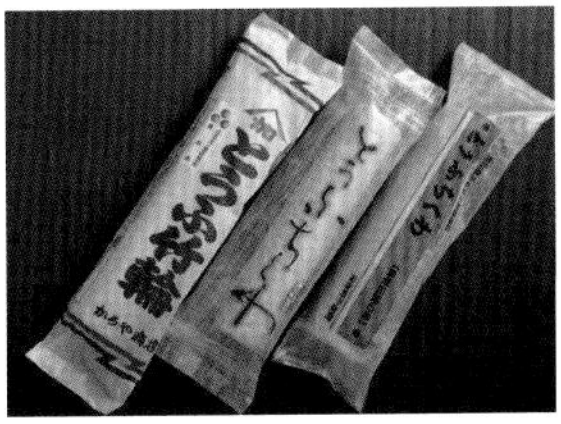

豆腐竹輪、皮竹輪……竹輪家族令人肅然起敬

竹輪麩雖然不屬於竹輪家族，但全國各地有不少竹輪家族的成員。比方說鳥取的「豆腐竹輪」。正如其名，這是在魚漿裡加入豆腐做成的竹輪，吃起來口感鬆軟，的確有豆腐的味道。與其說是竹輪反而比較像豆腐。

此外在德島和愛媛等地有種叫做「皮竹輪」的東西。那是用海鰻或鯛魚的皮捲在竹子上烤成的，富含膠原蛋白，會讓人上癮。

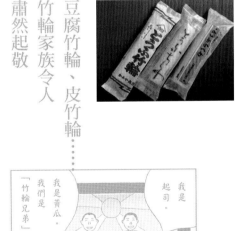

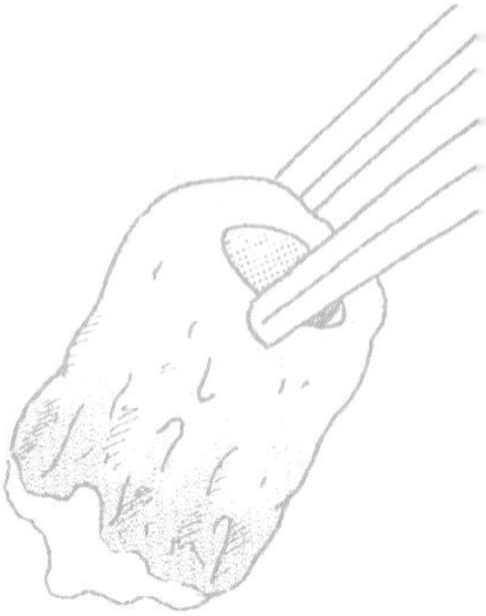

讚岐烏龍麵一定要配炸竹輪

讚岐烏龍麵不只麵好湯鮮，上面加的各種配料更讓人愉快，其中一定會有竹輪天婦羅。對了，讚岐烏龍麵為什麼一定要配炸竹輪呢？

首先四國是海鮮的寶庫，竹輪和蒲鉾（魚板）的加工業鼎盛，配菜使用竹輪是理所當然的。此外，烏龍麵一碗大約一百日圓，加上高級食材製作的配料不符合經濟效應，於是便加上物美價廉的竹輪天婦羅當配料了。

「要美乃滋嗎？」
「當然要。」
（出自《深夜食堂》第43夜）

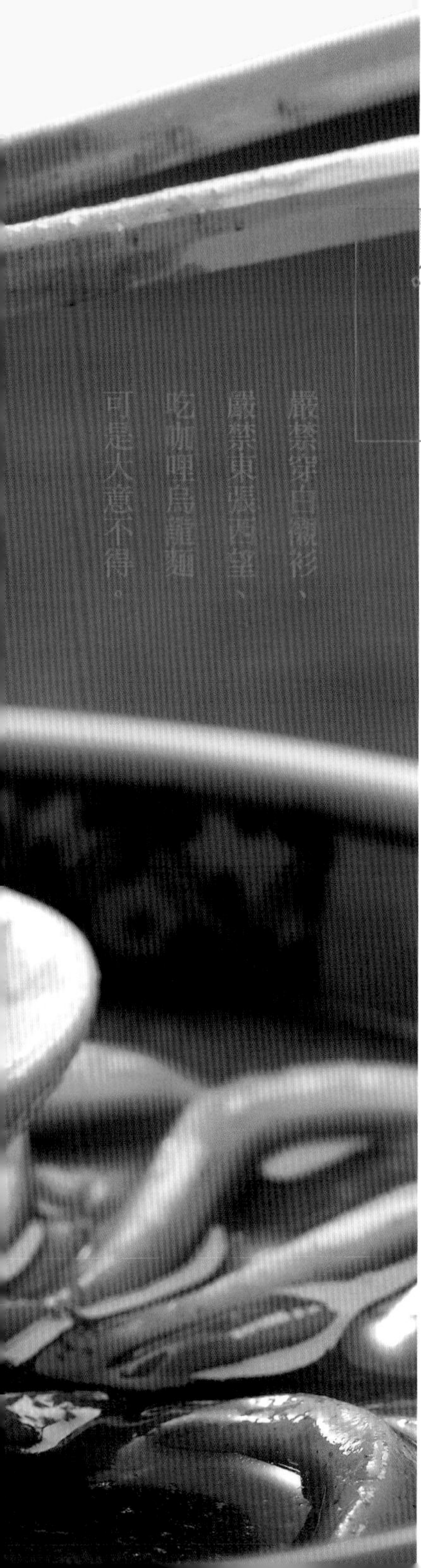

嚴禁穿白襯衫、
嚴禁東張西望、
吃咖哩烏龍麵
可是大意不得。

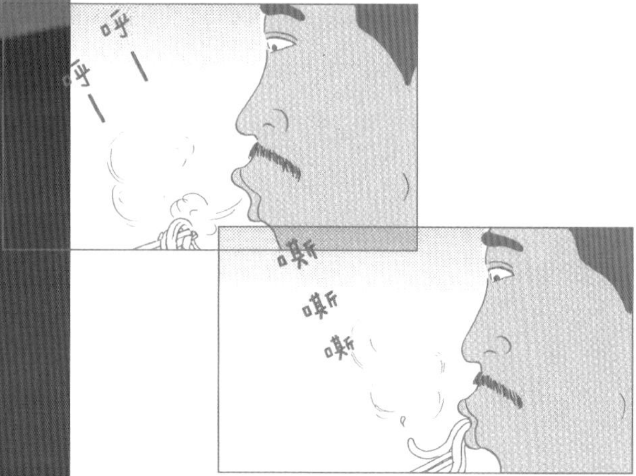

第14夜◎咖哩烏龍麵

咖哩用隔夜的也好，現做好的也成，調理包也無妨。放進鍋子裡，加高湯加熱調開。煮好烏龍麵放進碗裡，把咖哩湯加進去就完成了。以前咖哩都是加高湯調開的，但近年流行奶味咖哩烏龍麵，用牛奶或鮮奶油調開咖哩。最重要就是小心吃的時候不要濺到白襯衫上吧！

咖哩烏龍麵的安全吃法之一

咖哩烏龍麵是種危險的玩意，隨隨便便地吃可是會釀成慘劇的，而且當天要是穿著白襯衫的話……啊，真是太恐怖了。沒錯，咖哩烏龍麵的湯汁會濺到衣服上，

這有幾種方法可以避免。比方說，用湯匙擋住。湯汁常常都是在從碗裡撈起烏龍麵的時候濺出來的。用筷子把烏龍麵撈起來的同時，好像要替沾在麵上的咖哩照相一樣用湯匙擋住，預防汁液濺出。

咖哩烏龍麵的安全吃法之二

另外一種方法就是把麵放在湯匙上吃。麵條很長，撈起來的時候湯汁會濺起來，麵短的話濺出來的風險就比較小。先把湯匙拿到烏龍麵上方，把麵條放在湯匙上，然後用筷子把麵條截短。

這樣一來應該就不用擔心咖哩濺出來，可以安心食用了。問題是用這麼麻煩的步驟咖哩就會冷掉。這還挺讓人擔心的。

咖哩烏龍麵的安全吃法之三

反其道而行直接吃長的烏龍麵，「長麵條就捲起來」的作戰方式。撈起長麵條截短的半途湯汁就會濺出來，不如直接吃長麵條吧。鎖定一條烏龍麵，不管多長都慢慢地拉起來。等看起來好像整條麵都要拉起來的時候，立刻用湯匙接住，輕輕地把麵條放在湯匙上。

然後就小心不要讓麵條彈出來，慢慢地吃吧。

咖哩烏龍麵的安全吃法之四

前頁介紹的「防止咖哩濺出大作戰」，最大的問題在於無法盡情享受嘶嘶地吸食麵條的快感。因此在最後來介紹能品嚐這種快感，又能避免汁液四濺的方法。

抛開顧忌，彎腰低頭就碗，把麵條直接吸進嘴裡吧！這樣咖哩濺出的可能性就減到最小。雖然吃相難看，但總比濺滿褐色點點的上衣來得高明。

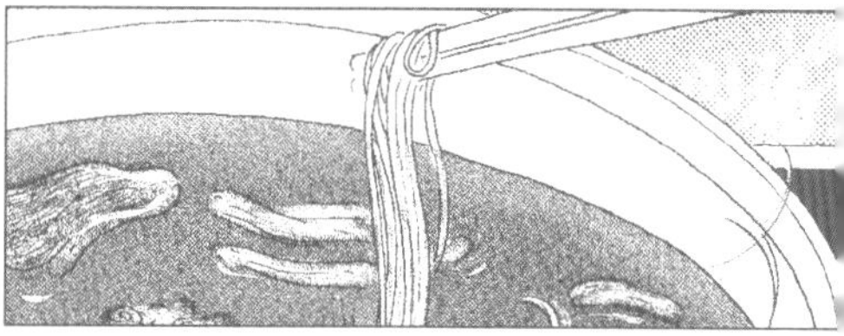

「咖哩烏龍麵」和「咖哩南蠻」的差異

「咖哩烏龍麵」是把咖哩汁澆在烏龍麵上，「咖哩南蠻」是在咖哩烏龍麵裡加蔥。江戶時代把從東南亞等地方傳來的東西稱為「南蠻」。加蔥的滷肉稱之為「南蠻煮」。這是當時沒有吃肉習慣的日本人，看見外國人把蔥和肉一起煮著吃而起的名字。由此衍生為加入蔥或辣椒等的料理都稱之為「南蠻」。

站著吃的麵店賣的咖哩烏龍麵

在麵店點咖哩烏龍麵，端上來的是烏龍麵加用高湯調開的咖哩汁。但要是在車站附近站著吃的麵店點餐，端出來的就是用熱水溫過的烏龍麵加上高湯，最後淋上咖哩。就像是咖哩飯的做法。

因此要是不用筷子攪拌均勻的話，烏龍麵、高湯和咖哩就呈分離狀態。不攪拌就這樣吃，一開始吃到的是淋上咖哩的烏龍麵，接著是咖哩湯烏龍麵，最後則是有咖哩味的烏龍麵等三種不同的味道。

「『Curry烏龍麵』啊，不愧是印度人。」

「我跟朋友說了，他想吃吃看。」

（出自《深夜食堂》第65夜）

清口菜◎花生與米果

花生和米果的比例是如何呢？

花生和米果的關係很不可思議。他們有各自的風味，但又能相輔相成，關係好像很好又好像不好。但一起吃進嘴裡，兩者混合的美味就在口中擴散。

但是一起吃進嘴裡，也會有「咦，花生味好重……」或是「只有米果的味道」等不同的感覺。這當然是因為一起吃進去的兩者比例不同，那每包花生米果中，各自比例到底是多少呢？

我們去問了龜田製菓客戶服務部門。

「現在花生跟米果的比例基本上是四比六，但是以前曾經有過五比五，甚至三比七的時候。」

也就是說，花生和米果的比例，隨著時代和消費者的要求進行微妙的調整，現在固定在四比六，個人是希望花生的比例能提高一點啦。

「咲絵小姐
是在等
喜歡花生的男人。」
（出自《深夜食堂》第104夜）

滿月夜

第15夜◎酥脆培根

培根靠
自己的油脂
煎得酥脆美味。
真是了不起
的傢伙……

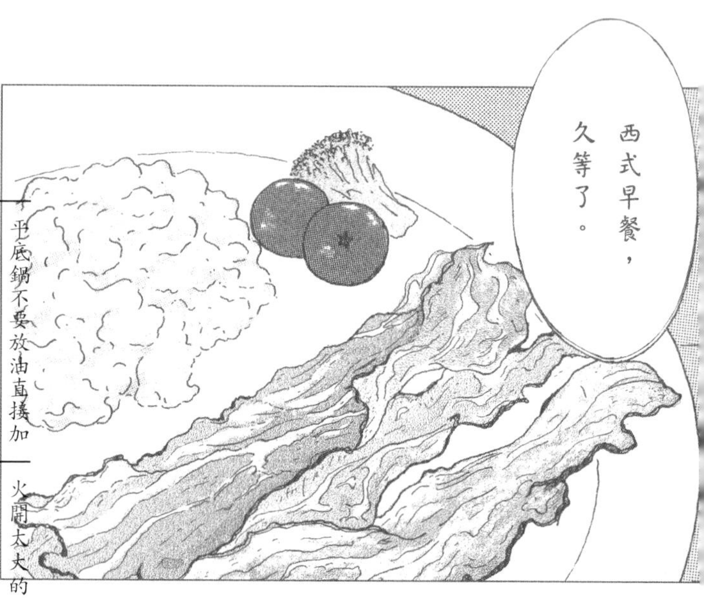

平底鍋不要放油直接加熱，把培根放入攤平，培根受熱就會出油，待脂肪融出、肉質緊縮，培根靠著自己的油就能煎得酥脆的了。要注意火開太大的話會焦掉。只要用培根自身的油煎，就算煎好後在平底鍋裡還是軟的，稍微冷卻後就會變脆了，所以不要煎過頭。

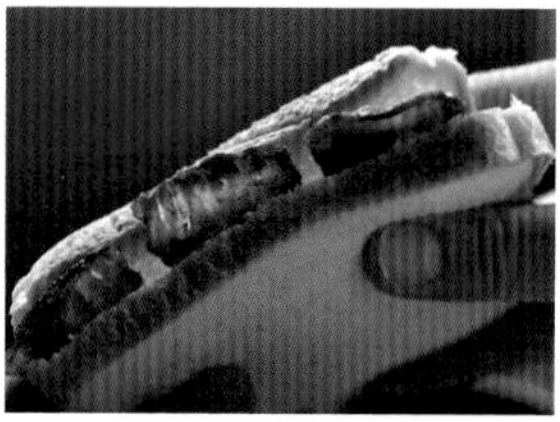

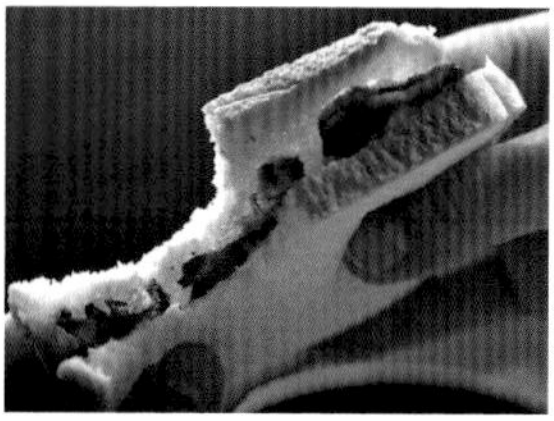

「美國風味」的培根三明治。

牛仔般的男人在沙漠一樣的荒野中，用麵包夾著煎得酥脆的培根大口咬下去，然後用麵包沾著煎鍋裡的培根油吃個精光——以前的美國電影裡常常出現這種畫面，看起來帥得不得了，讓人印象深刻。讀者們也有人有同感吧！

酥脆培根三明治就是這樣富有衝擊性的食物。就算不在荒郊野外，只要有煎鍋立刻就能做。麵包皮就別切了，就這樣粗獷地大口吃吧！

酥脆培根可以當配料

酥脆培根雖然有粗獷的風味，但其實既口感纖細又能靈活百變。比方說，把煎得酥脆的培根切碎，撒在高麗菜絲上，就是香氣四溢的配料。培根本身的香味和鹽份就夠美味了，擠上美乃滋更是萬無一失。

除了沙拉之外，酥脆培根也可以加在漢堡、義大利麵裡，撒在湯裡也成，用途廣泛又方便。

培根煎出的油，棄之可惜

培根是靠自己的油脂煎成酥脆狀的，也就是說香氣十足的培根就能煎出大量油脂，平底鍋裡的美味培根油丟掉太可惜了。

可以拿來燒魚漿製品、麵包、馬鈴薯等等，或者炒青菜也很讚。食材只要沾上培根的香味就會變得好吃。最能發揮效果的是蛋，用培根油煎荷包蛋或是炒蛋，就有培根蛋的味道了。

培根和火腿有什麼不同？

培根和火腿雖然外表看起來很像，但其實非常不同。培根是用豬五花肉（有時候也使用肩肉）用鹽醃漬後燻製而成。火腿則是用豬的腿肉或里肌肉、肩肉等部位以鹽醃再燻製而成。主要是使用的肉部位不一樣，燻製「方法」跟「時間」也不同。

食用方法也不同，火腿可以直接吃，而培根則需要加熱之後再吃。

「沒為什麼……
因為看見我媽
每天晚上都吃
脆脆的培根
配啤酒。」

（出自《深夜食堂》第22夜）

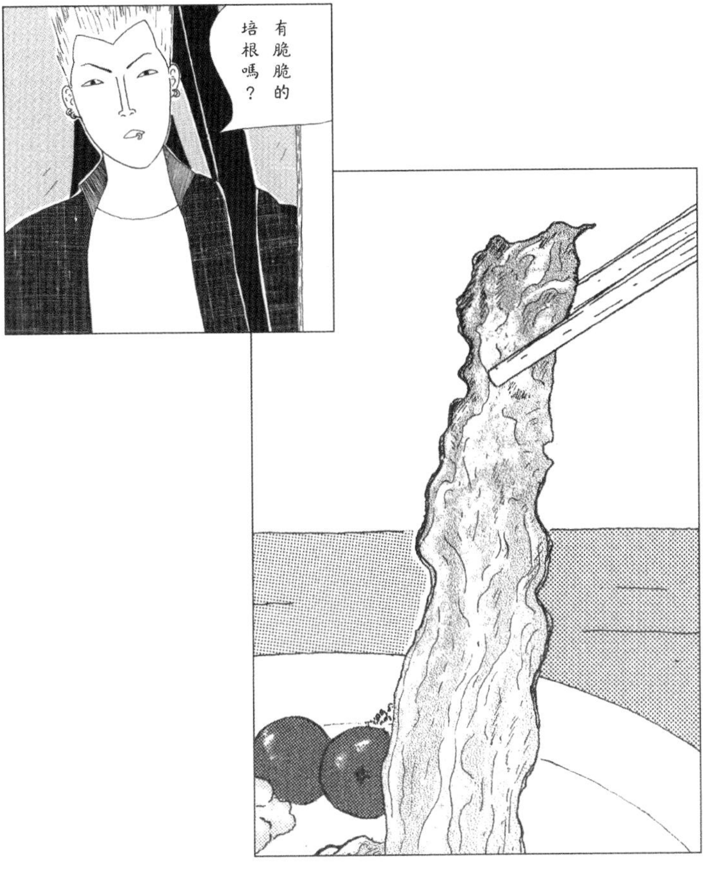

第16夜◎奶油燉菜

吃奶油燉菜
那種舒服的感覺，
就像枕在別人大腿上，
讓人掏耳朵一樣……

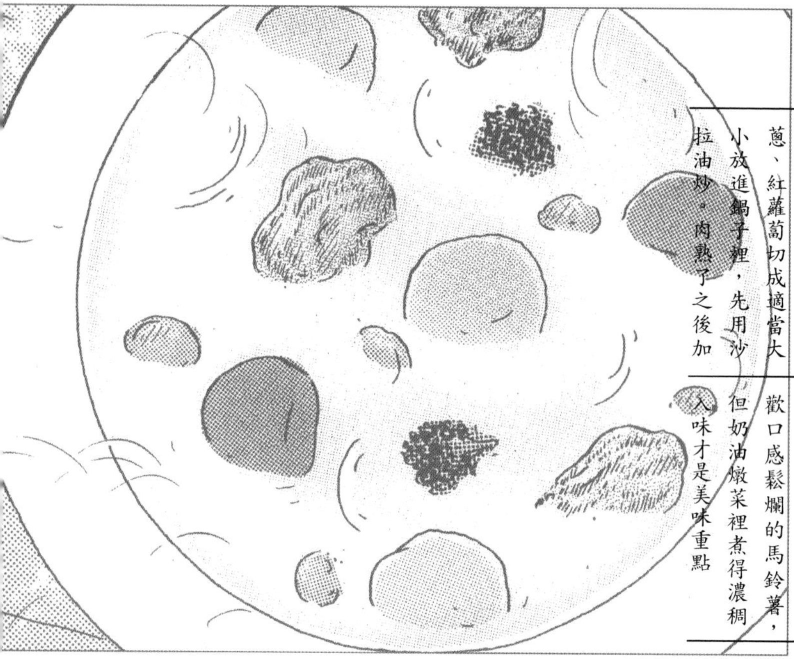

準備市售的白醬或是奶油燉菜調理塊、雞腿肉、馬鈴薯、紅蘿蔔、洋蔥、和青花菜。雞腿肉和洋蔥、紅蘿蔔切成適當大小放進鍋子裡，先用沙拉油炒。肉熟了之後加入白醬或是奶油燉菜調味塊一起煮。馬鈴薯和青花菜很容易煮爛，所以最後再放。有人不喜歡口感鬆爛的馬鈴薯，但奶油燉菜裡煮得濃稠入味才是美味重點

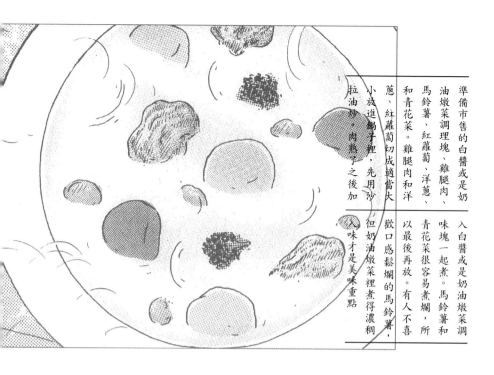

把奶油燉菜澆在白飯上微波，就成了日式奶汁焗飯，加上通心麵沙拉就成了焗麵

奶油燉菜應用範圍很廣，有通心粉沙拉就成了。把通心麵沙拉放進容器裡，澆上奶油燉菜去微波，立刻成了義大利焗麵。把奶油燉菜澆在白飯上微波的話，就是奶汁焗飯了。加義大利長麵條也不錯。沒有料也沒關係，用奶油燉菜的醬汁澆在魚或肉上，就是一道像樣的菜餚。奶油燉菜有剩的話根本不是問題，多做一點吧！

奶油燉菜、咖哩、豬肉味噌湯是三兄弟

今晚吃什麼呢……如果你在煩惱這個的話，總之先煮一鍋豬肉、洋蔥、紅蘿蔔、馬鈴薯就對了，煮好之後再決定是要做成奶油燉菜、咖哩、還是味噌湯。這三種料理本來是一家親，就像兄弟一樣。差別只在使用咖哩塊、白醬塊、或是味噌而已。

小時候去露營時應該有人學過這一招吧，這是在廚房也能活用的野外求生廚藝。

不止隔夜咖哩好吃，隔夜的奶油燉菜也好吃

放了一夜的咖哩更好吃，這是大家都知道的常識，大家都知道深夜食堂有很多常客是衝著隔夜咖哩來的。然而不只隔夜咖哩好吃，奶油燉菜隔夜後似乎也更好吃。

前一天的晚飯是奶油燉菜的話，第二天早上新煮一鍋飯，澆上冷的燉菜吃。冰涼的燉菜跟溫熱的飯非常對味。反過來把奶油燉菜加熱配冷飯吃也很好吃。到底要怎麼吃呢，真令人左右為難……

「今天該做奶油燉菜……
生意做久了，
不知怎地就有這種直覺。」
（出自《深夜食堂》第61夜）

第17夜◎烤飯糰

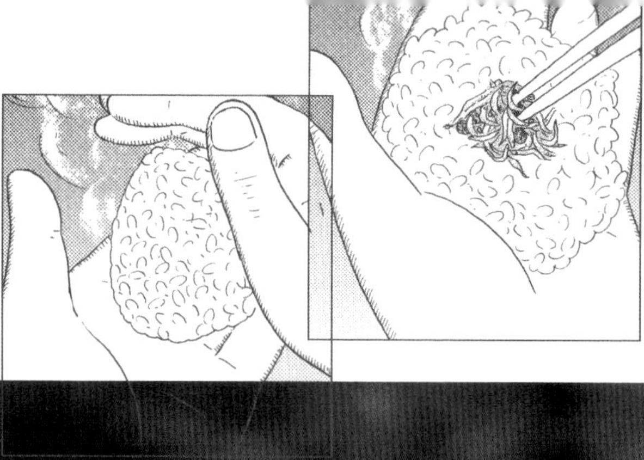

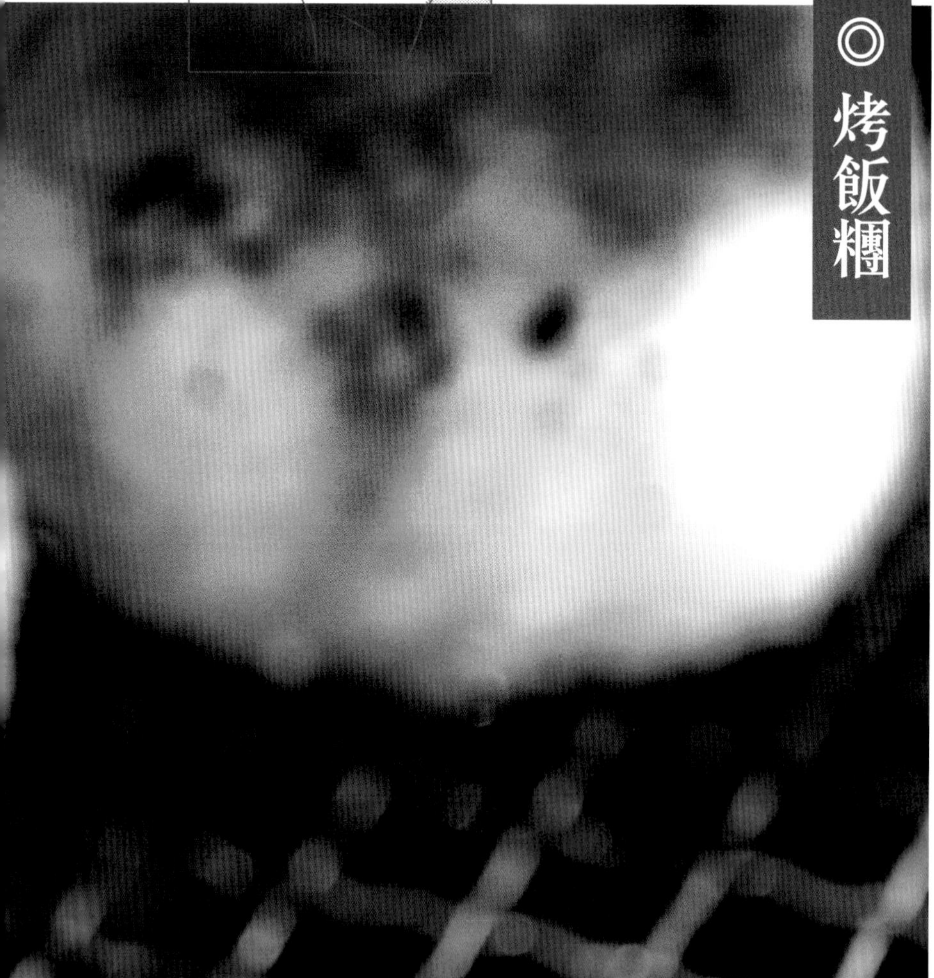

居酒屋的
最後一道菜，
一定是烤飯糰。
醬油的焦香
是午夜的
誘惑……

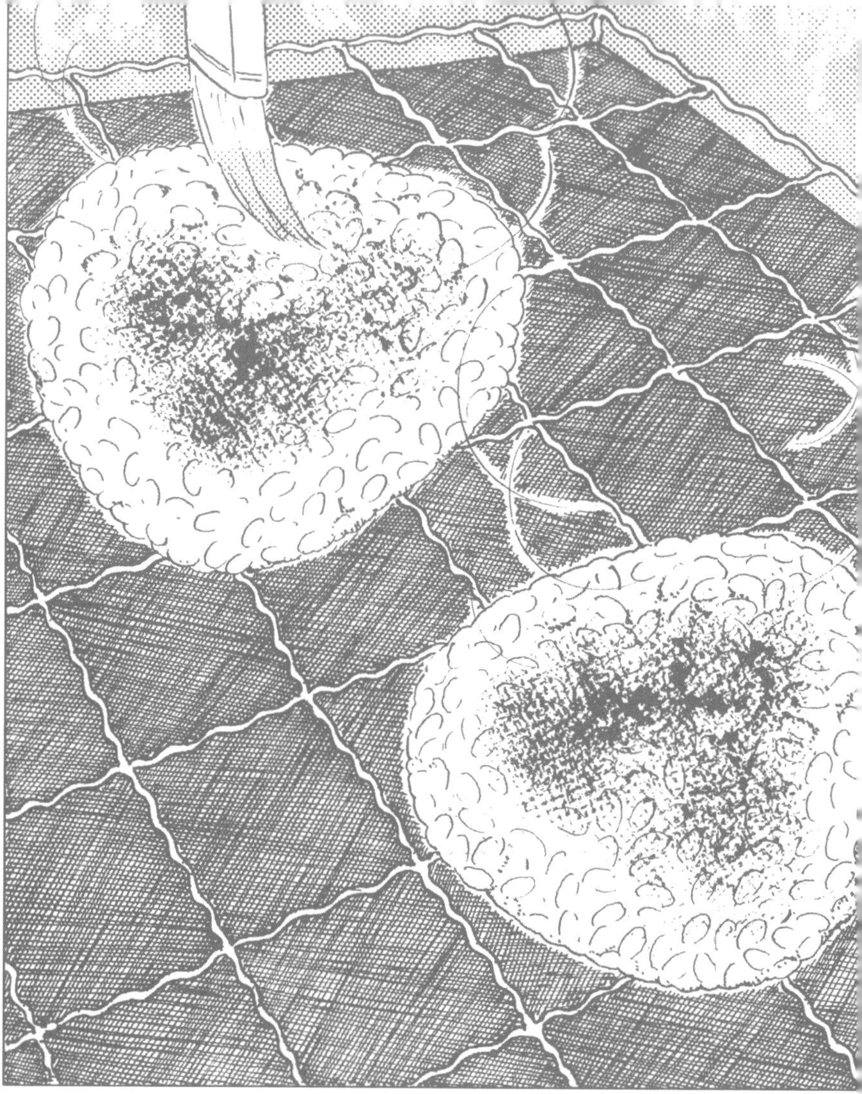

飯糰捏好後，放在烤網上慢慢地烤，烤到稍微有點焦的程度，刷上醬油再烤，反覆幾次之後烤飯糰就完成了。若在飯糰裡面包餡，就成了比較豪華的版本。深夜食堂風是包山椒吻仔魚。喝完酒之後當最後一道菜收尾最合適了。但光是醬油的焦香就讓人想喝日本酒，說是最後一道卻又喝起來了，真是惡魔般的美味。

烤飯糰的中式茶泡飯

不少人拿烤飯糰來做茶泡飯，烤飯糰做的茶泡飯香味四溢，要是裡面包了山椒吻仔魚之類的餡，香味就更讚了。喝完酒用烤飯糰茶泡飯收尾也很適合。

通常的烤飯糰茶泡飯就很好吃了，但偶爾也變點花樣如何？把中式沖泡湯澆在烤飯糰上，用類似雞湯粉沖泡就可以了。澆這個在烤飯糰上，再淋點麻油就散發出爽口的香氣，又是另一番滋味。

烤飯糰美味升級。

醬油的香味是烤飯糰的重點，光是香味就能多吃幾個吧！要不要試試看讓美味更加升級呢？用醬油烤飯糰為底，加上山葵芥茉、梅肉或味噌等等。芥茉的濃烈的香氣、梅子的酸味和味噌的甜味讓烤飯糰更加好吃。

就算是冷凍的烤飯糰，加上配料也能升級。啊，真糟糕，分明是最後一道，但卻又想喝酒了……

烤飯糰適合配冷酒

烤飯糰雖然是喝酒的收尾菜，但當下酒的小菜也很好，特別適合冷酒。一面小口咬著塗醬油烤焦的部份，一面啜飲冷酒，啊，真幸福。在飯糰白色的部份撒點鹽再吃，然後再啜一口酒。啊，幸福……。

一個烤飯糰就能配一壺酒了。烤飯糰裡包著山椒吻仔魚，配上奈良漬的話，就能配兩壺啦。烤飯糰果然不是收尾菜，而是下酒菜啊！

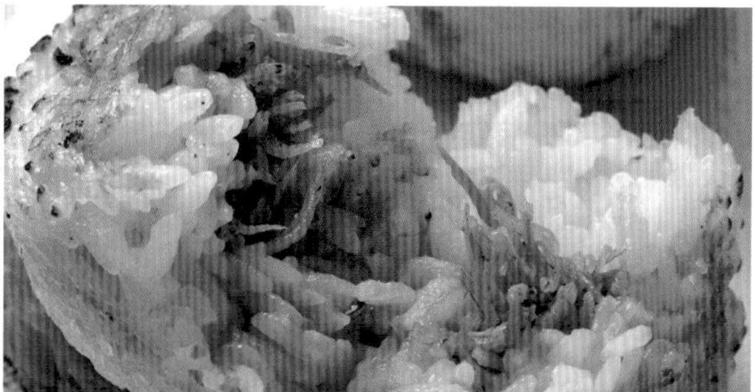

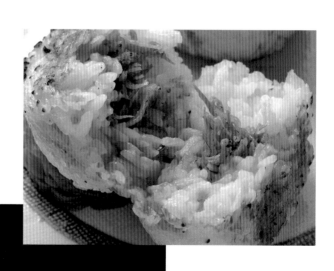

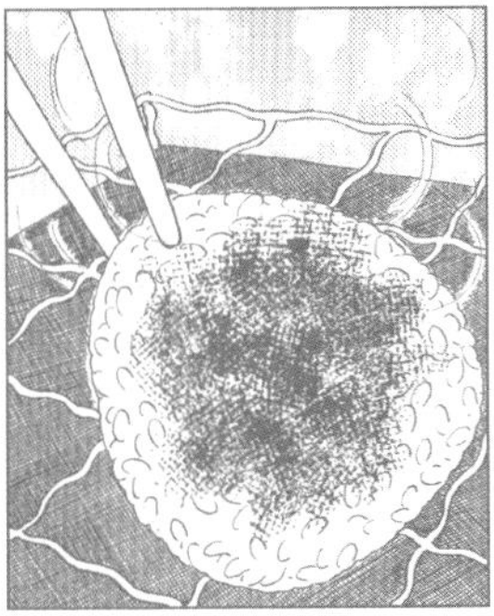

「為什麼
我們家都喜歡
山椒吻仔魚呀？」
「對啊，
為什麼呢？媽……」
「……
因為我媽喜歡。」
（出自《深夜食堂》第82夜）

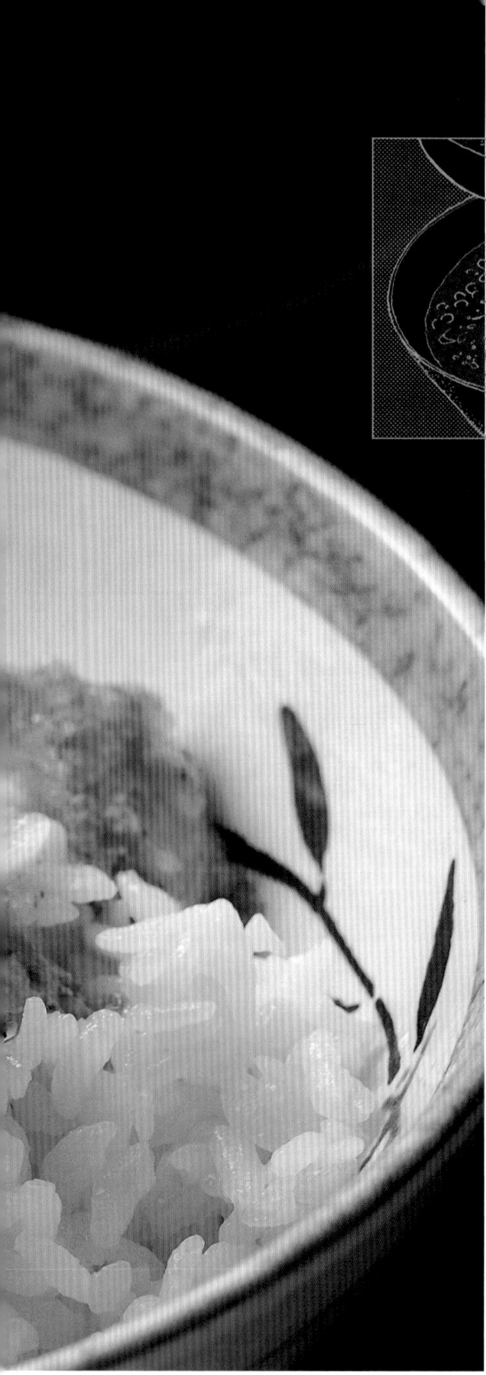

第18夜◎冷味噌湯飯

在熱天時稀哩呼嚕地
吃著冷味噌湯飯，
能讓醉醺醺的腦袋
冷靜下來。
有點微醺發漲的心情
也隨之鎮定了。

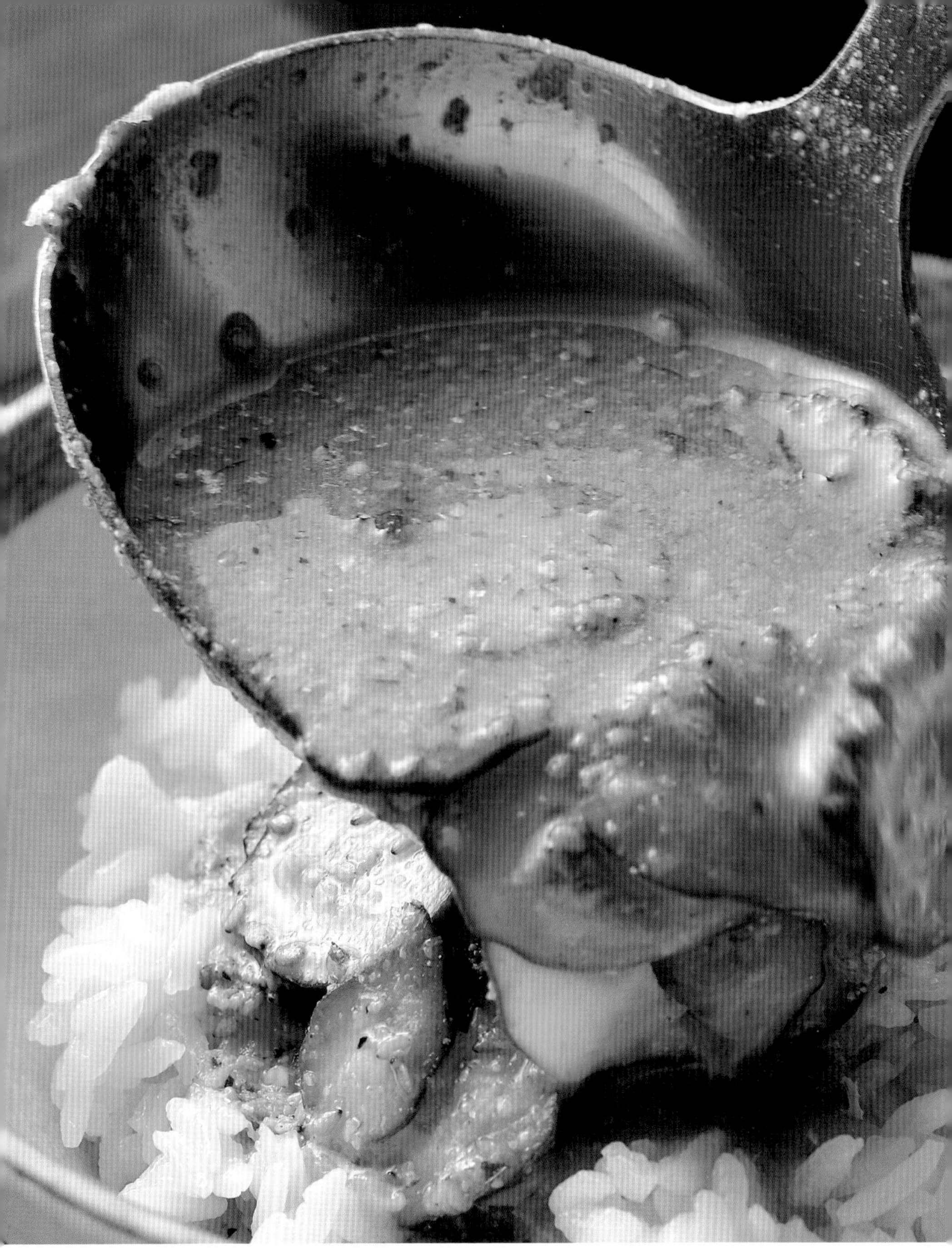

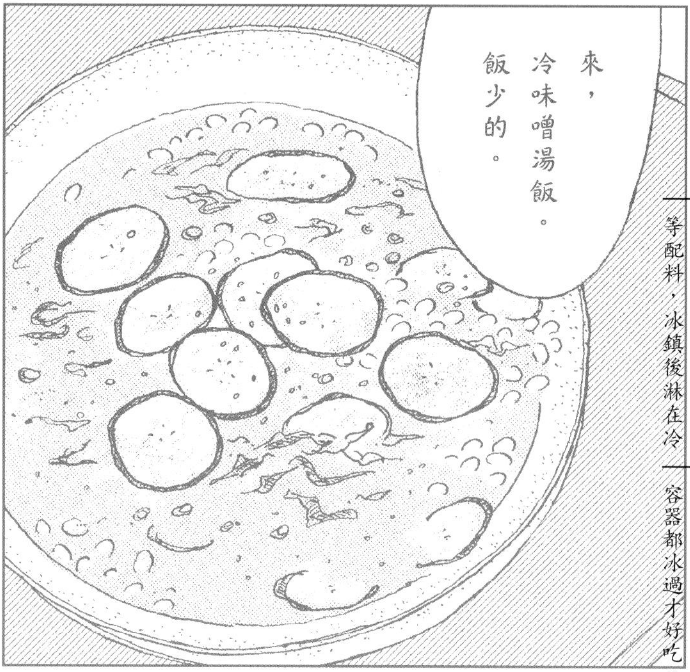

正宗宮崎地方料理做法：磨碎小魚乾，加入柴魚和昆布高湯，溶入味噌，加上切成薄片的黃瓜、青紫蘇、碎芝麻等配料，冰鎮後淋在冷飯上吃。此外還可以加入豆腐泥、烤魚乾之類的料，每家的做法都不一樣，但基本大概是如此。冷味噌湯飯要飯和容器都冰過才好吃。

湯飯是禁忌的美味

小時候用味噌湯泡飯吃，就會被罵說「吃相難看」，長大之後就特別喜歡用味噌湯泡飯……這種人一定很多。

通常是用熱味噌湯泡熱飯好吃，但用冷味噌湯泡冷飯也好吃。這猶如在做壞事般地品嚐著禁忌的美味，在米飯還沒被味噌湯泡漲之前吃掉，好像怕被爸媽發現一樣快快吃完。真好吃。

湯飯是地方料理！

不只是宮崎有冷味噌湯飯，日本各地都有湯飯。四國和九州更有獨特的湯飯文化。

比方說愛媛縣宇和島有一道叫做「日向」的料理：那是用蛋汁醬油醃鯛魚、竹筴魚生魚片，然後連醬汁一起淋在飯上吃。烤竹筴魚或石首魚，把肉剔出來和上味噌，用魚骨高湯調開，然後淋在飯上，這叫做「薩摩」。四國的地方料理以九州的古地名為名，正是從該地傳來的一大證據呢！

把湯澆在飯上，還是把飯泡進湯裡？日本與韓國的差別

日本基本上是把湯澆在飯上，但是韓國正好相反。韓國跟日本一樣是以白飯為主食，也有類似味噌湯的大醬湯。用筷子吃菜也跟日本一樣，不過韓國人還用湯匙，飯跟湯用湯匙吃，配菜則用筷子夾。

所以在吃大醬湯或鍋類料理的時候，用湯匙舀飯，然後再浸湯一起吃。跟日本的湯澆飯比起來，比較像是飯泡湯。

「她說這裡的冷味噌湯飯做得很好吃。」「今天也冰得很透。」

（出自《深夜食堂》第16夜）

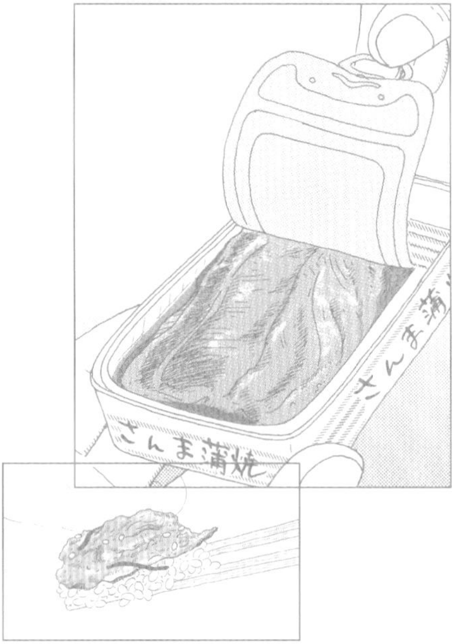

第19夜◎罐頭

為什麼呢？
一喝酒就想開罐頭。
然後想把罐頭放在飯上。

炒鹹牛肉
一定要有荷包蛋

鹹牛肉是用途廣泛的必備罐頭，跟蔬菜一起炒就是一道下飯的菜，和上美乃滋夾麵包也很好吃，而最好吃的方式是直接煎。把罐頭鹹牛肉切成五毫米薄片，直接放進平底鍋裡煎，待油脂融出，變成褐色，肉質變軟就ＯＫ了。

光是這樣料理就好吃得不得了了，要是在上面鋪上半熟的荷包蛋，那就天下無敵啦！流出的濃稠蛋黃配著鹹牛肉一起吃，這種快感真是難以抵擋。

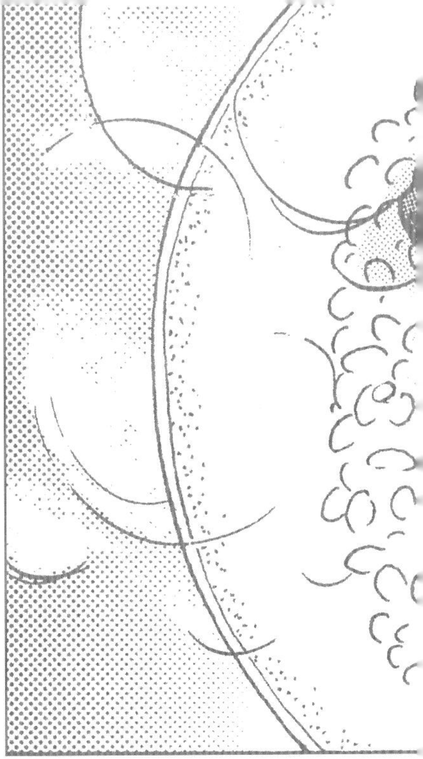

以下介紹深夜食堂風的罐頭料理：蒲燒秋刀魚丼的做法。把罐裝蒲燒秋刀魚切成三段，放在白飯上。撒上海苔絲和山椒粉就完成了。細細品嚐冷硬的秋刀魚在白飯的熱度下慢慢變軟。

鮭魚罐頭、鮪魚罐頭、鹹牛肉罐頭……罐頭的種類繁多，放在白飯上最好吃的還是蒲燒秋刀魚，又甜又辣的白飯味道好吃得讓人流淚。

剩下一點鹹牛肉來做茶泡飯吧

半熟的荷包蛋放在鹹牛肉上，堪稱天下無敵美味第一名。雖然天下無敵，但忍著不要全吃完，建議你留下一點下來。為什麼呢，因為最後要吃深夜食堂風的茶泡飯。

把剩下的鹹牛肉放在白飯上，澆上熱茶，鹹牛肉的鹽份和脂肪和茶泡飯的口感非常合。不要把鹹牛肉攪散，慢慢一點點地吃進口中。一下子全攪散的話，味道就全部被鹹牛肉的脂肪遮掩了。大人就要有大人樣，慢慢享用吧！

鮪魚罐頭丼
好吃得讓人不甘心啊！

再介紹一道深夜食堂的罐頭料理：鮪魚罐頭丼。打開罐頭，放入洋蔥丁，加入大量美乃滋和黃芥末混合，然後放在白飯上，淋上醬油吃。

鮪魚罐頭丼這麼簡單，但卻好吃得讓人恨得牙癢癢的，無法抗拒。本來鮪魚跟美乃滋就是最佳拍檔，再加上洋蔥和芥末，鮪魚罐頭勝出是連想都不用想的事實。雖然這樣酸溜溜地說，果然還是好吃，真不甘心。

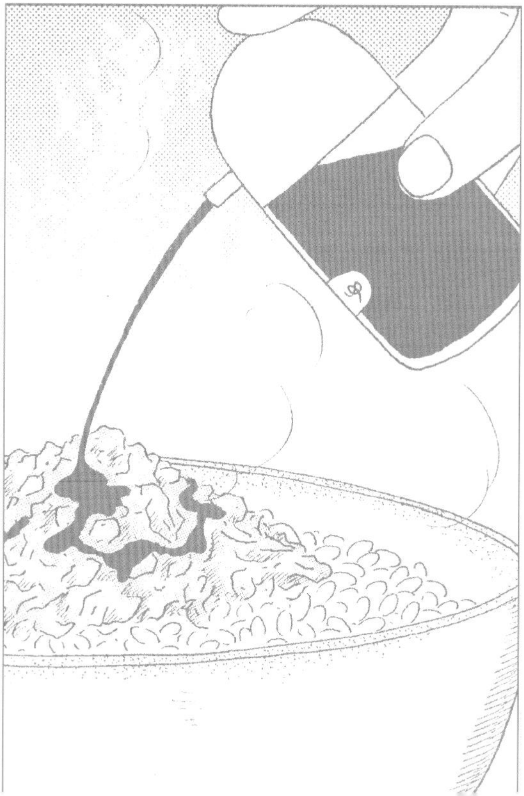

蒲燒秋刀魚蛋捲、罐頭鯖魚味噌湯、罐頭鯖魚麵線……各式地方罐頭料理

罐頭不只廣為每個家庭使用，更已經衍生成為一種地方特色料理了。

比方說，北海道釧路用蒲燒秋刀魚做「鰻捲」（蒲燒鰻魚蛋捲）般的秋刀魚蛋捲，那是不是要叫做「秋捲」呢。青森在味噌湯裡加罐頭鯖魚，成為「鯖魚味噌湯」；山形的「鯖魚麵線」則把是水煮鯖魚的汁液加到麵線沾醬裡，鯖魚則當配菜吃。罐頭已經是日本飲食文化的一部份了。

鹹牛肉為何是方形的？

罐頭有各種形狀和大小不同分成「二號螃蟹罐」、「一號蘑菇罐」、「三號鮪魚罐」等區別，但這些是大小的標準，跟罐頭的內容物無關，於是就有「二號蘑菇罐的鮪魚罐頭」、「三號鮪魚罐的紅豆罐頭」這種不可思議的稱呼出現。

鹹牛肉罐頭之所以是方形，據說是因為這樣肉比較容易裝滿（通常的圓筒形罐頭似乎比較不容易裝滿，容易有縫隙出現）。

罐頭熟成之後比較好吃？

做罐頭的魚和蔬菜都各有盛產時節，那罐頭是不是也有適合吃的「時節」呢？雖然大家可能認為當令的食材做成罐頭，立刻吃最好吃……但似乎並非如此。根據某罐頭製造商的說法「剛做好的罐頭沒有『罐頭的味道』」。水果做成罐頭是浸在糖漿裡，魚則是水煮或用高湯醃漬，糖漿或高湯要完全入味，從製造日期算起通常要三個月左右。所以吃罐頭的時節是在製造之後的三個月。

「偶爾吃吃
庶民的食物
也不錯。
『秋刀魚
就要蒲燒』
這樣吧！哈哈。」
（出自《深夜食堂》第62夜）

深夜食堂 YY0351

深夜食堂料理特輯

深夜食堂×dancyu：真夜中のいけないレシピ

共同編著 Big Comic Original編輯部
共同編著 dancyu編輯部
漫畫插畫・審訂合作 安倍夜郎
譯者 丁世佳

封面版面構成 陳文德
內頁版面構成 張凱揚
手寫字體 吳偉民、鹿夏男
責任編輯 陳柏昌
副總編輯 梁心愉
媒體企劃 鄭偉銘
行銷企劃 詹修蘋
初版一刷 2012年8月6日
初版十三刷 2021年8月4日
定價 新臺幣250元

新經典文化
ThinKingDom
發行人 葉美瑤
出版 新經典圖文傳播有限公司
地址 臺北市中正區重慶南路1段57號11樓之4
電話 02-2331-1830 傳真 02-2331-1831
讀者服務信箱 thinkingdomtw@gmail.com
部落格 http://blog.roodo.com/thinkingdom

總經銷 高寶書版集團
地址 臺北市內湖區洲子街88號3樓
電話 02-2799-2788 傳真 02-2799-0909
海外總經銷 時報文化出版企業股份有限公司
地址 桃園市龜山區萬壽路2段351號
電話 02-2306-6842 傳真 02-2304-9301

日版編輯團隊
文章執筆 大石勝太
編輯 廣岡伸隆
（小學館Big Comic Original編輯部）
編輯 植野廣生（President社 dancyu編輯部）
編輯 井本千佳（Racing Twins & Co.）
料理照片攝影 宮地工
封面設計 黑木香
內頁設計 五嶋一葉、堀中亞理、金井綾子
＋Bay Bridge Studio

國家圖書館出版品預行編目(CIP)資料

深夜食堂料理特輯 / dancyu編輯部, Big Comic Original編輯部編著,
安倍夜郎插畫；丁世佳譯. -- 初版. -- 臺北市：新經典圖文傳播, 2012.08
面； 公分
譯自:深夜食堂×dancyu：真夜中のいけないレシピ
ISBN 978-986-88267-6-2 (平裝)
427.1 10104129

下班後的深夜，總有個地方等著你光臨。
1－8集，好評發售中。每冊定價200元。
第9集今秋上市
（日版封面）
新經典文化◎發行